3DS MAX DIGITAL CREATIVE REPRESENTATION

高等职业教育艺术设计类课程规划教材

中国特色高水平高职学校项目建设成果

3ds Max 数字创意表现

徐铭杰 主 编

庄 伟 石 岩 张 帆 副主编

大连理工大学出版社

图书在版编目(CIP)数据

3ds Max 数字创意表现 / 徐铭杰主编. -- 大连 : 大连理工大学出版社，2024.7
ISBN 978-7-5685-4714-7

Ⅰ. ①3… Ⅱ. ①徐… Ⅲ. ①三维动画软件 Ⅳ. ① TP391.414

中国国家版本馆 CIP 数据核字 (2023) 第 198077 号

大连理工大学出版社出版
地址：大连市软件园路80号   邮政编码：116023
发行：0411-84708842   邮购：0411-84708943   传真：0411-84701466
E-mail：dutp@dutp.cn   URL：https://www.dutp.cn
大连天骄彩色印刷有限公司印刷   大连理工大学出版社发行

幅面尺寸：240mm×225mm	印张：18	字数：333千字
2024年7月第1版		2024年7月第1次印刷

责任编辑：马　双		责任校对：李　红
	封面设计：对岸书影	

ISBN 978-7-5685-4714-7   定　价：69.80 元

本书如有印装质量问题，请与我社发行部联系更换。

编写
说明
Introduction

中国特色高水平高职学校和专业建设计划（简称"双高计划"）是我国为建设一批引领改革、支撑发展、中国特色、世界水平的高等职业学校和骨干专业（群）的重大决策建设工程。哈尔滨职业技术大学入选"双高计划"建设单位，对学院中国特色高水平学校建设进行顶层设计，编制了站位高端、理念领先的建设方案和任务书，并扎实开展了人才培养高地、特色专业群、高水平师资队伍与校企合作等项目建设，借鉴国际先进的教育教学理念，开发中国特色、国际水准的专业标准与规范，深入推动"三教改革"，组建模块化教学创新团队，实施"课程思政"，开展"课堂革命"，校企双元开发活页式、工作手册式、新形态教材。为适应智能时代先进教学手段应用，学校加大优质在线资源的建设，丰富教材的信息化载体，为开发工作过程为导向的优质特色教材奠定基础。

按照教育部印发的《职业院校教材管理办法》要求，教材编写总体思路是：依据学校双高建设方案中教材建设规划、国家相关专业教学标准、专业相关职业标准及职业技能等级标准，服务学生成长成才和就业创业，以立德树人为根本任务，融入课程思政，对接相关产业发展需求，将企业应用的新技术、新工艺和新规范融入教材之中。教材编写遵循技术技能人才成长规律和学生认知特点，适应相关专业人才培养模式创新和课程体系优化的需要，注重以真实生产项目、典型工作任务及典型工作案例等为载体开发教材内容体系，实现理论与实践有机融合。

本套教材是哈尔滨职业技术大学中国特色高水平高职学校项目建设的重要成果之一，也是哈尔滨职业技术大学教材建设和教法改革成效的集中体现，教材体例新颖，具有以下特色：

第一，教材研发团队组建创新。按照学校教材建设统一要求，遴选教学经验丰富、课程改革成效突出的专业教师担任主编，选取了行业内具有一定知名度的企业作为联合建设单位，形成了一支学校、行业、企业和教育领域高水平专业人才参与的开发团队，共同参与教材编写。

第二，教材内容整体构建创新。精准对接国家专业教学标准、职业标准、职业技能等级标准确定教材内容体系，参照行业企业标准，有机融入新技术、新工艺、新规范，构建基于职业岗位工作需要的体现真实工作任务、流程的内容体系。

第三，教材编写模式形式创新。与课程改革相配套，按照"工作过程系统化""项目＋任务式""任务驱动式""CDIO式"四类课程改革需要设计四大教材编写模式，创新新形态、活页式及工作手册式教材三大编写形式。

第四，教材编写实施载体创新。依据本专业教学标准和人才培养方案要求，在深入企业调研、岗位工作任务和职业能力分析基础上，按照"做中学、做中教"的编写思路，以企业典型工作任务为载体进行教学内容设计，将企业真实工作任务、真实业务流程、真实生产过程纳入教材之中。并开发了教学内容配套的教学资源，满足教师线上线下混合式教学的需要，本教材配套资源同时在相关平台上线，可随时下载相应资源，满足学生在线自主学习课程的需要。

第五，教材评价体系构建创新。从培养学生良好的职业道德、综合职业能力与创新创业能力出发，设计并构建评价体系，注重过程考核和学生、教师、企业等参与的多元评价，在学生技能评价上借助社会评价组织的 1+X 考核评价标准和成绩认定结果进行学分认定，每部教材均根据专业特点设计了综合评价标准。

为确保教材质量，学院组建了中国特色高水平高职学校项目建设系列教材编审委员会，教材编审委员会由职业教育专家和企业技术专家组成。学校组织了专业与课程专题研究组，对教材持续进行培训、指导、回访等跟踪服务，有常态化质量监控机制，能够为修订完善教材提供稳定支持，确保教材的质量。

本套教材是在学校骨干院校教材建设的基础上，经过几轮修订，融入课程思政内容和课堂革命理念，既具积累之深厚，又具改革之创新，凝聚了校企合作编写团队的集体智慧。本套教材的出版，充分展示了课程改革成果，为更好地推进中国特色高水平高职学校项目建设做出积极贡献！

哈尔滨职业技术大学

中国特色高水平高职学校项目建设系列教材编审委员会

2021 年 8 月

前言
Preface

在室内装饰设计行业，制作电脑效果图一直是设计方案表现的重要手段。而 3ds Max 软件自诞生以来，一直是电脑效果图制作最流行的软件之一，也是全球最受欢迎的三维制作软件之一，在室内设计、建筑表现、影视与游戏制作等领域占有重要地位。因此，能够熟练掌握 3ds Max 软件，制作出良好的效果图，成为进入室内装饰行业的必要技能。在装饰企业招聘时，也把能否熟练制作电脑效果图作为考核的重要标准之一。

基于室内设计行业岗位技能要求，在高职院校的艺术设计类、建筑设计类、计算机应用类专业中普遍开设基于 3ds Max 软件的电脑效果图制作课程，也成为学生必须要掌握的一项重要技能。

2019 年，教育部、国家发展改革委、财政部、市场监管总局联合印发《关于在院校实施"学历证书 + 若干职业技能等级证书"制度试点方案》，揭开了"1+X"证书制度的序幕。自 2019 年以来，教育部发布了四批"1+X"证书名单，共计 447 个证书。其中，1+X"数字创意建模"职业技能等级证书是面向数字三维建模领域所具备的职业能力进行考核和认证。3ds Max 是该证书考核的重要软件之一。

本教材以 3ds Max+VRay 软件为核心，依据 1+X"数字创意建模"职业技能等级证书考核标准，以企业真实项目为载体，配合相应的在线课堂视频教程，打造新形态教材。

本教材从实训角度出发，共五个项目，内容包括 3ds Max 软件安装与设置、室内场景建模工具应用、卧室场景制作、会议室场景制作、别墅建筑模型制作等，涵盖了 3ds Max 软件基本几何体建模、二维线建模、多边形建模、VRay 材质编辑、灯光布设、VRay 渲染等知识和技能。全书的内容顺序安排上遵循项目完成的一般流程和由浅入深的基本认知规律。从项目本身出发，从单体简单模型到整体复杂模型，再到高级建模效果表现，逐步深入地学习电脑效果图制作的理论知识和技能。在内容上兼顾职业技能等级证书考试的需要，融入 1+X "数字创意建模"职业技能等级证书考核标准。本教材还采用新型教学评价体系，更全面、客观地考核学生。

本教材的编写针对当前高等职业教育艺术设计类专业的需要，突出"学工融合"的特点，强调项目和实训的结合、技术和艺术的结合、单项技能与综合技能的结合。依托企业真实项目任务进行实训教学，在充分掌握 3ds Max 软件的操作技术内涵的前提下进行艺术设计表现，要求将电脑效果图制作所需要的建模、材质、灯光、场景设置、渲染等技能进行综合运用。

本教材推荐学时为 72~112 学时，建议在配有高性能图形工作站的实训室进行实训教学，做到"教、学、做"一体化。教师在使用本教材进行教学时，除了培养学生 3ds Max 软件操作技能、三维造型技能之外，还需要注重培养学生的设计创新能力、艺术表现能力、工匠精神及团队精神。

本教材主要编写人员及分工如下：

项目	任务	编写人员
项目 1 3ds Max 软件安装与设置	任务 1 3ds Max 软件安装	刘大欣
	任务 2 3ds Max 软件设置	
项目 2 室内场景建模工具应用	任务 1 长方体墙体建模	唐锐
	任务 2 二维线多边形墙体建模	
	任务 3 门、窗口建模	
项目 3 卧室场景制作	任务 1 卧室场景建模	徐铭杰
	任务 2 摄影机设置	张帆
	任务 3 卧室场景材质制作	徐铭杰
	任务 4 卧室场景灯光设置	张帆

项目	任务	编写人员
	任务 5　卧室场景成图渲染设置	张帆
	任务 6　卧室场景效果图后期处理	徐铭杰
项目 4　会议室场景制作	任务 1　会议室场景建模	庄伟
	任务 2　会议室场景材质制作	石岩
	任务 3　会议室场景灯光设置	石岩
	任务 4　会议室场景效果图渲染设置	石岩
项目 5　别墅建筑模型制作	任务 1　别墅建筑建模	徐铭杰
	任务 2　别墅模型材质制作	石岩
	任务 3　别墅场景灯光布置	石岩
	任务 4　别墅场景效果图渲染设置	石岩

　　本教材由哈尔滨职业技术大学环境艺术设计教研室与黑龙江国光建筑装饰设计研究院有限公司共同策划、编写。在编写过程中得到哈尔滨职业技术大学孙百鸣副院长、教务处杜丽萍处长、电子与信息工程学院徐翠娟院长的悉心指导。教材中的项目案例由黑龙江国光建筑装饰设计研究院有限公司提供，企业设计师孟龙娇也参加了本教材部分内容的编写。部分电脑效果图由哈尔滨职业技术大学环境艺术设计专业师生提供，在此一并致谢。

　　电脑效果图制作涉及面广泛，3ds Max 软件内容庞杂，受本教材的侧重点和篇幅限制，在探索过程中编写难度较大。限于编者水平，教材中难免有不足之处，请专家和同行批评指正。

配套精品课程

编　者　徐铭杰

2024 年 7 月

邮箱：460798259@qq.com　QQ：460798259

目录
Contents

CONTENTS

项目4 会议室场景制作 / 129

项目5 别墅建筑模型制作 / 165

参考文献 / 202

本书微课视频列表

序 号	项目	视频名称	页 码
1	项目1 3ds Max软件安装与设置	3ds Max软件简介及安装方法	5
2	项目2 室内场景建模工具应用	长方体实体堆砌墙体建模	32
3		二维线多边形单面墙体建模	35
4		门、窗口的建模	41
5	项目3 卧室场景制作	卧室墙体多边形建模	54
6		卧室棚造型制作	58
7		床头背景墙造型制作	59
8		背景墙软包制作	61
9		倒角剖面制作石膏线	62
10		踢脚线制作	63
11		门口线制作	65
12		窗口和窗台制作	66
13		摄影机设置	77
14		乳胶漆、塑钢、玻璃材质编辑	89
15		木地板材质制作	93
16		灯光设置	105
17		成图渲染设置	113
18		效果图后期处理	120

项目 1

3ds Max 软件安装与设置

项目导入

　　本项目来源于某建筑装饰设计研究院有限公司，要求对 3ds Max 软件的应用范围、电脑设备配置等方面进行调研，完成 3ds Max 及相关软件的安装，并调试到使用状态。

学习目标

知识目标：

1. 能够说出 3ds Max 软件对电脑设备硬件及操作系统的基本要求；
2. 能够说出市面上常见的三维效果制作应用软件的种类；
3. 能够说出 3ds Max 2020 软件的安装流程；
4. 能够说出 3ds Max 初始界面常规操作区域。

能力目标：

1. 能够识别 3ds Max 2020 安装程序；
2. 能够独立安装 3ds Max 2020 软件；
3. 能够启动和退出 3ds Max 软件；
4. 能够对 3ds Max 界面进行常规设置。

素质目标：

1. 能够自主收集资料，自主学习；
2. 能够严守职业规范，严格按照操作流程完成任务；
3. 培养团队合作精神；
4. 具有安全意识，能够在设备使用前后进行检查并保持设备的完好性。

知识思维导图：

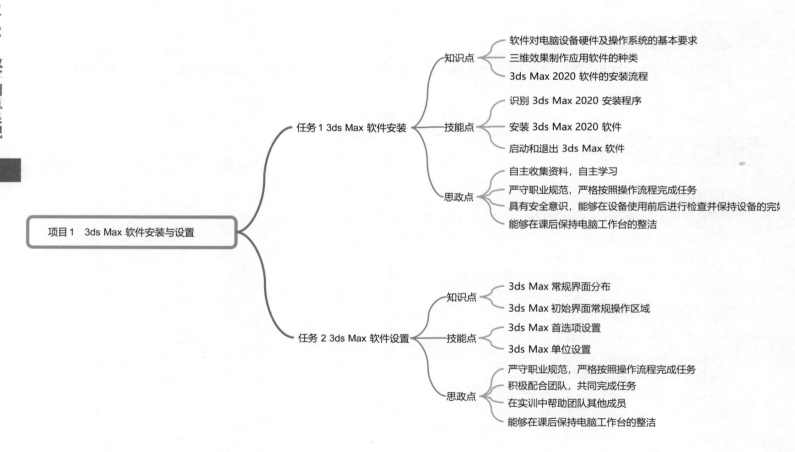

任务 1

3ds Max 软件安装

任务解析

　　通过完成本任务，学生能够了解 3ds Max 软件在室内装饰设计行业的应用范围， 以及对电脑软、硬件配置的基本要求；能够独立完成 3ds Max 的安装任务。

知识链接

一、 常见的三维效果图制作软件简介

　　在当前信息爆棚的时代，各大软件开发公司也竞相发布适应不同设计师需求的应用软件，其中不乏一些我们耳熟能详的软件。作为从事设计相关行业的人员，效果图制作软件绘制的图纸具有逼真的效果，使客户能直观地看到整个空间的装修搭配效果，方便了客户的选择，提高了销售成交率，提升了企业形象。因此，效果图制作软件广泛用于室内设计、室外设计、户外广告设计、卖场展示设计、投标工程设计、个性化服务等。

　　常用的设计软件有：Photoshop、AutoCAD、SketchUp、Rhino、Maya、BIM、酷家乐、3ds Max、VRay 等。其中，用户最多的是 Photoshop，它是一款好学好用的软件。而 3ds Max 软件的功能则更加强大。

　　Photoshop 是 Adobe 公司旗下的图像处理软件之一，简称 PS，是一款集图像扫描、编辑修改、图像制作、广告创意、图像输入与输出于一体的图形图像处理软件，深受广大平面设计人员和电脑美术爱好者的喜爱。在三维效果图制作上主要应用于后期处理。

　　AutoCAD（Auto Computer Aided Design）是美国 Autodesk 公司于 1982 年开发的自动计算机辅助设计软件，用于二维绘图、详细绘制、设计文档和基本三维设计。现已成为国际上广为流行的绘图工具。.dwg 文件格式成为二维绘图的事实标准格式。AutoCAD 广泛应用在施工图纸的绘制上，同时具有三维建模功能，适用于机械类、模具类等专业。

　　SketchUp 也叫作草图大师，可以快速和方便地创建、观察和修改三维效果图。它将传统铅笔草图的优雅自如与现代数字

科技的速度与弹性完美结合，是一款表面上极为简单，实际上却蕴含着强大功能的构思与表达软件。

Rhino 软件也叫作犀牛软件，早年一直应用在工业设计专业，擅长于产品外观造型建模，并且随着程序相关插件的开发，应用范围也越来越广。近些年在建筑设计领域应用较多，配合 grasshopper 参数化建模插件，Rhino 可以快速做出各种优美曲面的建筑造型，其简单的操作方法、可视化的操作界面深受广大设计师的欢迎。另外，其在珠宝、家具、鞋模设计等行业也应用广泛。

Maya 软件是 Autodesk 公司旗下的三维建模和动画软件。它可以大大提高电影、电视、游戏等领域开发、设计、创作的工作效率。它的应用领域极其广泛，比如《星球大战》系列、《指环王》系列、《蜘蛛侠》系列、《哈利波特》系列等都出自 Maya 之手。

BIM 技术是 Autodesk 公司在 2002 年率先提出的，它可以帮助用户实现建筑信息的集成，从建筑的设计、施工、运行直至建筑全寿命周期的终结，各种信息始终整合于一个三维模型信息数据库中，设计团队、施工单位、设施运营部门和业主等各方人员可以基于 BIM 进行协同工作，有效提高工作效率、节省资源、降低成本，以实现可持续发展。因此，其广泛应用在建筑设计领域。

酷家乐是以分布式并行计算和多媒体数据挖掘为技术核心推出的 VR 智能室内设计平台。通过云渲染技术、云设计、BIM、VR、AR、AI 等技术，酷家乐可以 10 秒生成效果图，5 分钟生成装修方案。酷家乐用户可以通过电脑在线完成户型搜索、绘制、改造，拖曳模型进行室内设计，快速渲染预见装修效果。

3D Studio Max，简称为 3ds Max 或 MAX，是 Autodesk 公司开发的基于 Windows 系统的三维动画渲染和制作软件。其前身是基于 DOS 操作系统的 3D Studio 系列软件，最新版本是 2022。3ds Max 最初用于电脑游戏中的动画制作，而后进一步参与影视片的特效制作，例如《X 战警Ⅱ》《最后的武士》等。在环艺专业，3ds Max 配合 VRay 灯光渲染插件，可以用于室内外三维效果的表现，在动画制作、纹理、场景管理工具、建模、灯光等方面都具有绝对优势。

以上简单介绍了在三维效果图制作方面常用的 8 款软件，如图 1.1.1 所示。它们各有特长，学习者可以根据自身需求和操作方便自行选择。

图 1.1.1 常用三维效果图制作应用软件

二、3ds Max 软件的发展历程

Autodesk 3ds Max 2020 是一款功能强大，集 3D 建模、渲染和动画设计于一体的三维软件。其多种功能支持艺术家和设计工作者迅速展开制作工作。3ds Max 能让设计可视化，使相关从业者在较短时间内为甲方提供效果逼真的设计作品。

3ds Max 是目前 PC 平台上最流行、使用最广泛的三维动画软件。它使得 PC 平台用户也可以方便地制作三维动画。20 世纪 90 年代初，3D Studio 在国内得到了很好的推广，它的版本一直升级到 4.0 版。此后随着 DOS 系统向 Windows 系统过渡，3D Studio 也发生了质的飞跃，代码被重新改写。1996 年

4月，3D Studio Max 1.0 诞生，这是 3D Studio 系列的第一个 Windows 版本。1997 年，其代码又一次被重新改写，推出 3D Studio Max 2.0，在原有基础上进行了上千处改进，加入了逼真的 Raytrace 光线跟踪材质等功能。此后的 2.5 版本又对 2.0 版本做了 500 余处改进，使得 3D Studio Max 2.5 成为十分稳定、流行的版本。此后一直持续改进至 3.1 版本，软件在功能上得到了更多的改进和增强，并且非常稳定。

从 4.0 版本开始，3D Studio Max 更名为 3ds Max，相继开发了 3ds Max 4.0、3ds Max 5.0 等多个版本，直到目前主流的 Autodesk 3ds Max 2020 版本。

Autodesk 3ds Max 2020 的突出特点：基于 PC 系统的低配置要求；安装插件可提供 3D Studio Max 所没有的功能以及增强原本的功能；强大的角色动画制作能力；可堆叠的建模步骤，使制作的模型有非常大的弹性。这些突出的特点使其广泛应用于广告、影视、工业设计、建筑设计、三维动画、多媒体制作、游戏以及工程可视化等领域。

三、3ds Max 软件的运行环境要求

Autodesk 3ds Max 2020 是运行在 Windows 平台的三维效果制作软件，对硬件的配置要求不算特别高，如果硬件配置较高则会大大缩短绘制时间，提高工作效率。以下是推荐配置，仅供参考。

1. 操作系统：考虑到系统的稳定性和对硬件的支持程度，建议选择 Windows 10，64 位宽以上的系统，高系统可以充分发挥电脑性能，不建议使用 Windows 10 以下的操作系统。

2. 处理器（CPU）：决定计算的速度，推荐使用支持 64 位宽，3.70 GHz 多核处理器及以上配置，有条件的可以购买最新版本。同时，3ds Max 还支持双 CPU 或四 CPU，这样能提高计算速度。

3. 内存：也是影响计算速度的重要硬件之一，场景的复杂性会影响、维持性能所需要的内存量，推荐使用 4 GB 及以上，最好为 8 GB 或更大空间。

4. 主板：尽量选择大厂商的主板，主要考虑稳定性和日后扩展升级的需要。

5. 磁盘空间：容量不是大问题，一般厂家生产的最小硬盘容量也在 80 GB，要注意的是硬盘转数和缓存大小，可以使用普通 IDE、SATA 硬盘或双硬盘建构 RAID。在安装时至少要留有 9 GB 磁盘空间。

6. 显卡：独立显卡即可。可以根据自己的经济实力选择游戏卡或专业显示卡。显示内存越大越好，足够大的显存才能保证图像显示平滑和对贴图的良好处理。

7. 显示器：可以根据需要进行选择。3ds Max 的标准分辨率为 1 280×1 024，推荐使用 19 英寸以上的液晶显示器，才可将主工具栏与面板显示完整。

8. 指针设备：最好选择三键鼠标或带有滑轮的鼠标，通过键盘和鼠标的配合，可以更快捷地控制视图并完成操作。

声卡、音箱、键盘、绘图板等可以根据个人的喜好进行配备。

任务实施 ▶

要求：完成 Autodesk 3ds Max 2020 的安装。

扫码看视频

3ds Max 软件简介及安装方法

一、启动安装程序

打开 3ds Max 2020 的安装文件夹，运行 Setup.exe 文件，开始准备安装。自动弹出 3ds Max 2020 安装程序对话框的欢迎安装向导初始化界面，如图 1.1.2 所示。初始化后，在对话框中选择"安装（在此计算机上安装）"选项进行安装，如图 1.1.3 所示。

图 1.1.2 欢迎安装向导初始化界面

图 1.1.3 选择安装界面

二、接受协议

将 3ds Max 2020 安装程序对话框中的"国家或地区"设置为 China，然后选择"我接受"协议，单击"下一步"按钮进行安装，如图 1.1.4 所示。

图 1.1.4 设置国家或地区和许可及服务协议

三、设置安装路径

在提示对话框中设置路径安装位置，然后单击"安装"按钮进行安装，如图 1.1.5 所示。默认安装路径为系统 C:\Program Files\Autodesk\，如要更改需自行选择其他路径。

图 1.1.5 设置路径安装位置

四、安装组合进度

　　在安装组合中集合了 3ds Max 2020 软件所需的相应程序，更新系统下方位置显示的是安装进度，如图 1.1.6 所示。

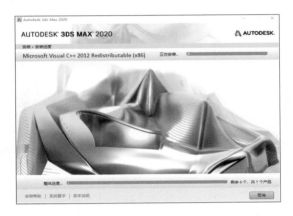

图 1.1.6 安装组合进度

五、启动软件

　　进度条结束后显示"您已成功安装选定的产品"，单击"立即启动"按钮，如图 1.1.7 所示。

图 1.1.7 立即启动软件

六、进入启动界面

　　此时已安装完成，显示 3ds Max 2020 软件启动界面，如图 1.1.8 所示。

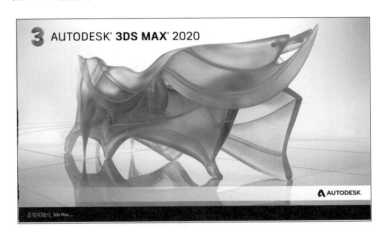

图 1.1.8 3ds Max 2020 软件启动界面

七、填写序列号

　　启动后出现填写序列号界面，选择"输入序列号"，如图 1.1.9 所示。

图 1.1.9 选择"输入序列号"

八、确定隐私声明

系统自动弹出 Autodesk Privacy Statement（隐私声明）对话框，单击"I Agree"按钮，如图 1.1.10 所示。

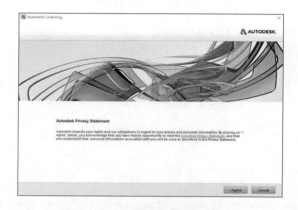

图 1.1.10 隐私声明界面

九、进入激活界面

接下来，系统自动弹出 Product License Activation（产品激活）对话框，在对话框中单击"Activate"按钮，如图 1.1.11 所示。

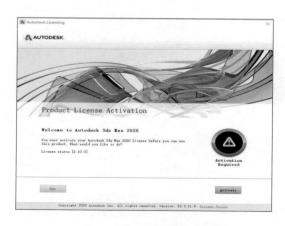

图 1.1.11 产品激活界面

十、产品密钥界面

系统会自动弹出输入序列号和产品密钥界面，如图 1.1.12 所示。输入序列号后，单击"下一步"按钮。

图 1.1.12 输入序列号和产品密钥界面

十一、激活成功界面

随后便会提示激活成功，单击"完成"按钮完成安装，如图 1.1.13 所示。

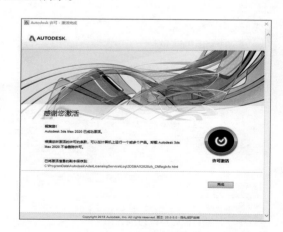

图 1.1.13 安装完成界面

十二、启动程序

安装完成后，桌面会自动建立 3ds Max 2020 的快捷启动图标，双击快捷启动图标或在"开始"菜单中选择【开始】-【程序】-Autodesk- 3ds Max 2020 随即启动。也可以在"开始"菜单中找到中文脚本进行使用，如图 1.1.14 所示。

> **注 意**

如果之前安装过 3ds Max 2020 而没有卸载干净，在重新安装时会出现安装不上的问题，3ds Max 程序会认为电脑系统中已安装完成，导致安装失败。因此，要确保之前的程序卸载干净。

图 1.1.14 软件启动路径

十三、进入标准工作界面

启动 3ds Max 2020 标准工作界面后，系统会自动显示中文界面和软件欢迎界面，如图 1.1.15 所示。

图 1.1.15 软件欢迎界面

3ds Max 数字创意表现 实训任务单

项目名称	项目 1 3ds Max 软件安装与设置	任务名称	任务 1 3ds Max 软件安装
任务学时	2 学时		
班　级		组　别	
组　长		组　员	
任务目标	1．能够识别 3ds Max 2020 安装程序； 2．能够独立安装 3ds Max 2020 软件； 3．能够掌握 3ds Max 软件的启动方法		
实训准备	预备知识：1.3ds Max 软件的概念和用途；2.常见的三维效果图制作应用软件。 工具设备：图形工作站电脑、A4 纸、中性笔。 课程资源："3ds Max 数字创意表现在线课"——智慧树网站链接： https://coursehome.zhihuishu.com/courseHome/1000062541#teachTeam		
实训要求	1．了解 3ds Max 软件对电脑设备的硬件和软件要求； 2．了解市面上常见的三维效果图制作应用软件的种类； 3．了解 3ds Max 软件的发展历程； 4．熟知 3ds Max 2020 软件的安装流程； 5．旷课两次及以上者、盗用他人作品成果者单项任务实训成绩为零分，旷课一次者单项任务实训成绩为不合格		
实训形式	1．以小组为单位进行 3ds Max 2020 软件安装的任务规划，每个小组成员均需要完成 3ds Max 2020 软件安装的实训任务； 2．分组进行，每组 3~6 名成员		
成绩评定方法	1．总分 100 分，其中工作态度 20 分，过程评价 30 分，完成效果 50 分； 2．上述每项评分分别由小组自评、班级互评、教师评价和企业评价给出相应分数，汇总到一起计算平均分，形成本次任务的最终得分		

3ds Max 数字创意表现 实训评价单

项目名称	项目 1 3ds Max 软件安装与设置		任务名称	任务 1　3ds Max 软件安装			
班　级			组　别				
组　长			组　员				
评价内容	评价标准		小组自评	班级互评	教师评价	企业评价	
工作态度 (20分)	1. 出勤：上课出勤良好，没有无故缺勤现象。(5分)						
	2. 课前准备：教材、笔记、工具齐全。(5分)						
	3. 能够积极参与活动，认真完成每项任务。(10分)						
过程评价 (30分)	1. 能够制订完整、合理的工作计划。(6分)						
	2. 具有团队意识，能够积极参与小组讨论，能够服从安排，完成分配的任务。(6分)						
	3. 能够按照规定的步骤完成实训任务。(6分)						
	4. 具有安全意识，课程结束后，能主动关闭并检查电脑及其他设备电源。(6分)						
	5. 具有良好的语言表达能力，能够有效进行团队沟通。(6分)						
完成效果 (50分)	1. 3ds Max 软件安装 (30分)	(1) 能够识别 3ds Max 安装程序。(10分)					
		(2) 能够设定 3ds Max 安装路径。(10分)					
		(3) 能够正确完成 3ds Max 软件的初步安装。(10分)					
	2. 3ds Max 软件激活 (20分)	(1) 能够正确启动 3ds Max 程序。(10分)					
		(2) 能够正确输入 3ds Max 产品密钥激活软件。(10分)					
总得分 (100分)							

任务 2

3ds Max 软件设置

任务解析

通过完成本任务，学生能够了解 3ds Max 软件界面的设置流程和设置方法；能够完成 3ds Max 软件界面的设置。

知识链接

一、3ds Max 2020 的界面分布

启动 3ds Max 2020 标准工作界面后，出现软件初始主界面。主界面可以分为菜单栏、主工具栏、命令面板、视图、提示状态栏、场景管理器、VRay 工具栏、视图控制栏等，如图 1.2.1 所示。

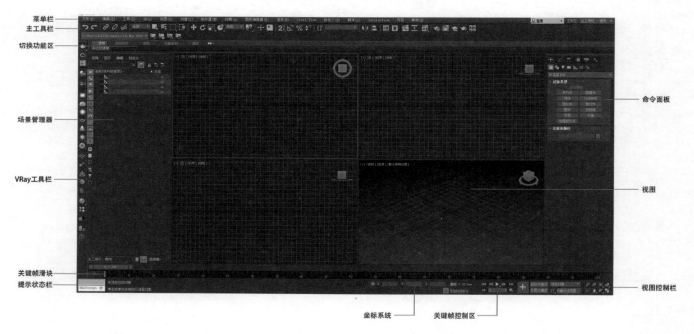

图 1.2.1 3ds Max 2020 软件主界面

二、菜单栏

菜单栏为软件的大多数功能提供入口。单击某个菜单以后，即可显示出菜单项。菜单栏是按照程序功能分组排列的按钮集合，3ds Max 2020 的标准菜单栏中包括文件、编辑、工具、组、视图、创建、修改器、动画、图形编辑器、渲染、Civil View、自定义、脚本、Interactive、内容、Arnold 和帮助 17 个菜单。

1. "文件"菜单

在"文件"菜单中完成打开或者默认保存扩展名为 max 的文件，还可以输入和输出扩展名不是 max 的文件，检查场景中的多边形数目并对文件进行其他操作。

2. "编辑"菜单

"编辑"菜单用于编辑场景，也可以撤销和重复最新使用的命令。

3. "工具"菜单

绝大部分"工具"菜单在主工具栏中设置了相应的快捷图标，如 Mirror（镜像）、Align Camera（对齐摄影机）和 Spacing Tool（空间工具）等。

4. "组"菜单

"组"菜单包括将多个对象成组或者将组分解为多个独立对象的命令，组是场景中组织对象的好方法。"组"菜单包括成组、解组、打开、关闭、附加、分离、炸开、集合。在场景中没有对象物体时，选项都为灰色，不能使用。

5. "视图"菜单

"视图"菜单包含视图最新导航控制命令的撤销和重复、网格控制选项等工具并允许显示适用于特定命令的一些功能。"视图"菜单还包含视口按视图设置、设置活动视口等命令。

6. "创建"菜单

"创建"菜单可以创建几何体、灯光、摄影机和辅助对象等，该菜单包含各项子菜单，与创建面板功能相同。

7. "修改器"菜单

"修改器"菜单提供了常用修改对象物体的方式，该菜单下还有很多子菜单。菜单上每项的可用性取决于当前选择。如果修改器不适用于当前选定的对象，则在菜单上不可用，与修改面板功能相同。

8. "动画"菜单

"动画"菜单提供一组有关动画、约束、控制器以及反向运动学解算器的命令。

9. "图形编辑器"菜单

"图形编辑器"菜单用于访问管理场景及层次和动画的图表子窗口。

10. "渲染"菜单

"渲染"菜单包含用于渲染场景、设置环境和渲染效果，材质编辑和光线跟踪等命令。

11. "Civil View"菜单

"Civil View"菜单是为土木工程师和交通基础设施规划人员设计的可视化工具。该菜单可以和各种土木设计应用程序，如 AutoCAD Civil 3D 软件紧密集成，从而在发生设计更改时可以立即更新可视化模型。

12. "自定义"菜单

"自定义"菜单包含用于自定义用户界面（UI）的命令，利用这些命令可以创建自定义用户界面布局，包括自定义键盘快捷键、颜色、菜单等。用户可以在自定义用户界面对话框中单独加载或保存所有设置或在使用方案的同时加载或保存所有设置。

13. "脚本"菜单

"脚本"菜单包含用于处理脚本的命令，是为用户使用软件内置脚本语言而创建的。

14. "Interactive"菜单

"Interactive"菜单为交互式视频设置，可通过 Autodesk Account 获得 3ds Max Interactive 使用权限。

15. "内容"菜单

"内容"菜单可启用 3ds Max 资源库，通过网络到 Autodesk App Store 中下载相关资源，如插件、模型等。

16. "Arnold"菜单

"Arnold"菜单可配置选用 Arnold 渲染器，可将新场景加载到 3ds Max 并尝试在 Arnold 中渲染。

17. "帮助"菜单

"帮助"菜单可以访问 3ds Max 联机参考系统，其中包括新功能指南、用户参考、产品信息、许可证等。

三、主工具栏

作图所需使用的主要命令都可在主工具栏中找到对应的按钮，通过主工具栏可以快速访问 3ds Max 中很多常见任务的工具和对话框，其中包括选择并链接、取消链接选择、选择对象、选择过滤器等功能按钮。

1. 撤销

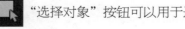 "撤销"按钮，单击一次可退回到上一步操作。单击几次可撤回几次对应操作。

2. 重做

"重做"按钮与"撤销"按钮相反，单击一次可放弃当前操作一次。单击几次可放弃当前操作几次。

3. 选择并链接

"选择并链接"按钮可以通过将两个对象链接作

为"父与子"，定义它们之间的层级关系。单击选择对象（子），然后拖动链接到其他任何对象（父），还可以将对象链接到关闭的组。子级将继承应用于父级的变换（移动、旋转、缩放等），但子级的变换对父级没有影响。

4. 取消链接选择

"取消链接选择"按钮可移除两个对象之间的层次关系，可将子对象与其父对象分离开来，还可以链接和取消链接视图中的层次。

5. 绑定到空间扭曲

"绑定到空间扭曲"按钮把当前选择附加到空间扭曲。空间扭曲是可以为场景中的其他对象提供各种力场效果的对象。空间扭曲本身不能进行渲染，但可以通过播放动画显示其效果。使用该按钮可以影响其他对象的外观，有时可以同时影响很多对象。某些空间扭曲可以生成波浪、涟漪或爆炸效果。其他的空间扭曲专门用于粒子系统，可以模拟各种自然效果，如下雨、花洒喷洒效果等。

6. 选择过滤器

全部 ▼ "选择过滤器"列表可以限制选择对象的类型和组合。如果选择摄影机，则使用选择工具只能选择摄影机，其他对象不受影响。在需要选择特定类型的对象时，这是冻结所有其他对象的快捷方法。使用下拉列表可以选择单个过滤器，也可以从下拉列表中选择组合，通过过滤器组合对话框使用多个过滤器。

7. 选择对象

"选择对象"按钮可以用于选择一个或多个操控对

象。对象选择受活动的选择区域类型、活动的选择过滤器、交叉选择工具的状态的影响。

8. 按名称选择

"按名称选择"按钮可以利用选择对象对话框从当前场景中所有对象的列表中选择对象。

9. 选择区域

"选择区域"按钮可用于按区域选择对象，有矩形、圆形、围栏、套索和绘制 5 种方式。对于前 4 种方式，可以选择完全位于选择区域中的对象（窗口方法），也可以选择位于选择图形内或与其交接的对象（交叉方法）。使用主工具栏上"窗口／交叉选择"按钮，可在窗口选择和交叉选择方法之间进行切换。如果在指定区域中按住 Ctrl 键，则影响的对象将被添加到当前选择中；反之，在指定区域中按住 Alt 键，则影响的对象将从当前选择中移除。

10. 窗口／交叉选择

"窗口／交叉"按钮可以在窗口和交叉模式之间进行切换。在窗口模式中，只能对选择区域内的对象进行选择。在交叉模式中，可以选择区域内的所有对象，以及与区域边界相交的任何对象，对于子对象选择也是如此。

11. 选择并移动

"选择并移动"按钮可以选择并移动对象。移动单个对象，当该按钮处于活动状态时，单击单个对象进行选择，拖动鼠标以移动该对象。要将对象的移动限制在 X、Y 或 Z 轴中的任意两个轴上，也可以单击鼠标右键，选择"移动"命令进行移动。移动多个对象时，应先选择好多个对象，在该按钮处于活动状态时，直接进行移动。

12. 选择并旋转

"选择并旋转"按钮可以选择并旋转对象。要旋转单个对象，则无须先单击该按钮。当该按钮处于活动状态时，单击对象进行选择，拖动鼠标以旋转该对象。围绕一个轴旋转对象时，不要旋转鼠标以期望对象按照鼠标运动来旋转，只要上、下移动鼠标即可。朝上旋转对象与朝下旋转对象方式相反。

13. 选择并缩放

"选择并缩放"按钮用于访问更改对象大小的 3 种工具。按从上到下的顺序，这些工具依次为选择并均匀缩放、选择并非均匀缩放和选择并挤压。使用"选择并均匀缩放"工具可以沿所有 3 个轴以相同量缩放对象，同时保持对象的原始比例。使用"选择并非均匀缩放"工具可以根据活动轴约束以非均匀方式缩放对象。"选择并挤压"工具可用于创建卡通片中常见的"挤压和拉伸"样式动画的不同相位，使用该工具可以根据活动轴约束来缩放对象，挤压对象势必牵扯到在一个轴上按比例缩小，同时在另两个轴上均匀地按比例增大。如单击鼠标右键则会弹出"缩放变换输入"对话框，可输入相关数值。

14. 选择并放置

"选择并放置"按钮可以选择并放置对象。要旋转单个对象，则无须先单击该按钮。当该按钮处于活动状态时，单击对象进行选择，拖动鼠标以旋转该对象。围绕一个轴旋转对象时，不要旋转鼠标以期望对象按照鼠标运动来旋转，只要上、下移动鼠标即可。朝上旋转对象与朝下旋转对象方式相反。要限制围绕 X、Y 或 Z 轴或者任意两个轴的旋转，请单击"轴约束"工具栏上的相应按钮、使用"变换Gizmo"，或者用右键单击对象并从"变换"子菜单中选择约束。

15. 参考坐标系

局部 ▼ "参考坐标系"列表可以指定变换（移动、旋转和缩放）所用的坐标系。选项包括"视图"、"屏幕"、"世界"、"父对象"、"局部"、"万向"、"栅格"和"拾取"。在"屏幕"坐标系中，所有视图都使用视图屏幕坐标。"视图"是"世界"和"屏幕"坐标系的混合体。使用"视图"时，所有正交视图都使用"屏幕"坐标系，而透视视图使用"世界"坐标系。因为坐标系的设置基于逐个变换，所以应先选择变换，再指定坐标系。

16. 使用中心

"使用中心"按钮用于确定缩放和旋转操作几个中心的 3 种方法的访问。按从上到下的顺序，这 3 种方法依次为使用轴点中心、使用选择中心和使用变换坐标中心。使用"使用轴点中心"工具可以围绕其各自的轴点旋转或缩放一个或多个对象，三轴架显示了当前使用的中心。使用"使用选择中心"工具可以围绕其共同的几何中心旋转或缩放一个或多个对象，如果变换多个对象，该软件会计算所有对象的平均几何中心，并将此几何中心用作变换中心。使用"使用变换坐标中心"工具可以围绕当前坐标系的中心旋转或缩放一个或多个对象，当使用"拾取"功能将其他对象指定为坐标系时，坐标中心是该对象轴的位置。

17. 选择并操纵

"选择并操纵"按钮可以通过在视图中拖动"操纵器"来编辑某些对象、修改器和控制器的参数。与"选择并移动"和其他变换不同，该按钮的状态不唯一。只要"选择"模式或"变换"模式之一为活动状态，并且启用"选择并操纵"，就可以操纵对象。但是在选择一个操纵器辅助对象之前必须禁用"选择并操纵"。

18. 键盘覆盖切换

"键盘覆盖切换"按钮可以在只使用"主用户界面"快捷键和同时使用主快捷键和组快捷键之间进行切换。

19. 捕捉开关

"捕捉开关"按钮包含 3D 捕捉、2D 捕捉和 2.5D 捕捉。3D 捕捉可提供捕捉三维空间的控制范围，用于创建和移动所有尺寸的几何体，而不考虑构造平面。2D 捕捉是光标仅捕捉活动栅格，包括该栅格平面上的任何几何体，将忽略 Z 轴或垂直尺寸。2.5D 捕捉是光标仅捕捉活动栅格上对象投影的定点或边缘。鼠标右键单击该按钮可以显示"栅格和捕捉设置"对话框，在其中可以更改捕捉类别和设置其他选项。

20. 角度捕捉切换

"角度捕捉切换"按钮可以设置旋转增量角度，包括标准"旋转"变换。旋转对象时，对象以设置的增量围绕指定轴旋转。

21. 百分比捕捉切换

"百分比捕捉切换"按钮通过指定的百分比增加对象的缩放。右键单击"百分比捕捉切换"按钮可以显示"栅格和捕捉设置"对话框，在该对话框中设置捕捉百分比增量，默认设置为 10%。捕捉系统应用于涉及百分比的任何操作，如缩放或挤压。

22. 微调器捕捉切换

"微调器捕捉切换"按钮主要设置 3ds Max 中所有微调器的单击增加或减少值。

23. 管理选择集

"管理选择集"按钮用于管理子对象的命名选择集。在选择集窗口中,可以将想要保留的元素添加到选择集中,然后通过选择集的方式快速选中这些元素。如果误选了不需要的元素,并且想要取消这些选中,可以在选择集窗口中编辑选择集,将不需要的元素从选择集中移除。

24. 镜像

"镜像"按钮可以调出"镜像"对话框,使用该对话框可以在镜像一个或多个对象的方向时,移动这些对象。"镜像"对话框还可以用于围绕当前坐标系中心镜像当前选择。使用"镜像"对话框可以同时创建克隆对象。

25. 对齐

"对齐"按钮提供了 6 种不同对齐对象的工具。按从上到下的顺序,这些工具依次为对齐、快速对齐、法线对齐、放置高光、对齐摄影机和对齐到视图。使用"对齐"工具可将当前选择与目标选择对齐,目标对象的名称将显示在"对齐"对话框的标题栏中,执行子对象对齐时,"对齐"对话框的标题栏会显示为"对齐子对象当前选择"。使用"快速对齐"工具可将当前选择的位置与目标对象的位置立即对齐。使用"法线对齐"工具可将基于每个对象上面或选择的法线方向的两个对象对齐。使用"放置高光"工具可将灯光或对象对

齐到另一对象,以便精准定位其高光或反射。使用"对齐摄影机"工具可以将摄影机与选定面的法线对齐。使用"对齐到视图"工具可以将对象或子对象选择的局部轴与当前视图对齐。

26. 切换场景资源管理器

"切换场景资源管理器"按钮能够提供无模式对话框来查看、排序、过滤和选择对象,同时也提供了其他功能,例如:重命名、删除、隐藏和冻结对象,创建和修改对象层次,以及编辑对象属性等快速对场景进行管理和编辑。

27. 切换层资源管理器

"切换层资源管理器"按钮可以创建和删除层的无模式对话框,也可以查看和编辑场景中所有层的设置,以及与其相关联的对象。使用"层"对话框可以指定场景模型的显示状态,便于对文件的操作与管理。

28. 曲线编辑器

"曲线编辑器"按钮提供一种"轨迹视图"模式,采用图表上的功能曲线来表示运动,该模式可以使运动的插值以及软件在关键帧之间创建的对象变换直观化。使用曲线上关键点的切线控制柄,可以轻松观看和控制场景中对象的运动和动画。"曲线编辑器"界面由菜单栏、工具栏、控制器窗口和关键点窗口组成。在界面的底部还拥有时间标尺、导航工具和状态工具。通过从曲线编辑器添加"参数曲线超出范围类型"以及为增加控制而将增强或减缓曲线添加到设置动画的轨迹中,可以超过动画的范围循环播放动画。

29. 图解视图

"图解视图"按钮可以用来访问对象属性、材质、控制器、修改器、层次和不可见场景关系,如关联参数和实例。

30. 材质编辑器

"材质编辑器"按钮用于打开材质编辑器,以创建和编辑材质以及贴图。材质可以在场景中创建更为真实的效果,可以描述对象反射或透射灯光的方式,材质属性与灯光属性相辅相成,着色或渲染将两者合并,用于模拟对象在真实世界设置下的情况。用户可以将材质应用到单个的对象或选择集,一个场景可以包含许多不同的材质。

31. 渲染设置

"渲染设置"按钮可以将颜色、阴影、照明等效果加入几何体,从而使用所设置的灯光、材质及环境等为场景的几何体着色,然后使用渲染器进行渲染显示和文件存储操作。3ds Max 附带 3 种渲染器,其他的渲染器也可以作为第三方插件形式额外安装。3ds Max 附带的渲染器有默认扫描线性渲染器、Mental Ray 渲染器和 VUE 文件渲染器。

32. 渲染帧窗口

"渲染帧窗口"按钮可以打开上次渲染完成的图像。

33. 渲染产品

"渲染产品"按钮可以使用当前渲染设置来快速渲染场景,而无须通过显示渲染场景来渲染场景。

34. 在线渲染

"在线渲染"按钮可以将绘制完成的图纸通过网络进行云渲染,上传完成后,用户可以选择关闭电脑、关闭项目,渲染过程中不仅可以在客户端上看到任务状态,也可以单击实时预览查看渲染的进度。

四、命令面板

命令面板由 6 个用户界面面板组成,分别为创建面板、修改面板、层次面板、运动面板、显示面板、工具面板。使用这些面板可以访问 3ds Max 的大多数建模功能,以及一些动画功能、显示选择和其他工具,如图 1.2.2 所示。

图 1.2.2 命令面板

1. 创建面板

 创建面板提供用于创建对象的控制,这是构建新场景的第一步。创建面板很可能要在整个项目过程中持续添加对象。创建面板将所创建的对象分为 7 个类别,分别为几何体、二维图形、灯光、摄影机、辅助对象、空间扭曲对象和系统。每一个类别都有对应的按钮,每一个类别内可能包含几个不同的对象子类别。使用下拉列表可以选择对象子类别,每一类别对象都有对应的按钮,单击对应按钮即可开始创建。

2. 修改面板

通过创建面板,可以在场景中放置一些基本对象,并为每个对象指定一组自己的创建参数,该参数根据对象类型定义其几何和其他特性。放到场景中之后,对象将携带其创建参数。用户可以在修改面板中更改这些参数。当选择一个对象时,修改面板中的选项和控件的内容会更新,从而只能访问该对象所能修改的内容。可以修改的内容取决于对象是几何基本体还是其他类型对象。每一类别都拥有自己的修改范围,修改面板的内容始终特定于类别所决定的对象。在修改面板进行更改之后,可以立即看见传输到对象的效果。

3. 层次面板

通过层次面板可以访问用来调整对象间层次链接的工具。通过将一个对象与另一个对象相链接,可以创建父子关系。应用到父对象的变换同时传递给子对象。通过将多个对象同时链接到父对象和子对象,可以创建复杂的层次。层次面板分为轴、IK 和链接信息。

4. 运动面板

运动面板提供用于调整选定对象运动的工具,还提供了轨迹视图的替代选项,用来指定动画控制器。如果指定的动画控制器具有参数,则在运动面板中显示其他卷展栏。

5. 显示面板

通过显示面板可以访问场景中控制对象显示方式的工具。使用显示面板可以隐藏和取消隐藏、冻结和解冻对象、改变其显示特性、加速视图显示以及简化建模步骤。

6. 工具面板

使用工具面板可以访问各种工具程序。3ds Max 工具作为插件提供,因为一些工具由第三方开发,所以设置中可能包含某些未加以说明的工具,可以通过选择帮助查找描述这些附加插件的文档。

五、视图

启动 3ds Max 2020 以后,主屏幕包含 4 个同样大小的视图,分别是顶视图(T)、前视图(F)、左视图(L)和透视视图(P)。顶视图位于左上部,前视图位于右上部,左视图位于左下部,透视视图位于右下部。默认情况下,透视视图平滑并高亮显示。用户可以在这 4 个视图中显示不同的视图,也可以在视图右键菜单中选择不同的布局。当选择其中一个视图并想将其最大化时,可使用 Alt+W 快捷键实现。

1. 视图布局

可以选择其他不同于默认配置的布局。选择不同的布局,可用右键单击其中一个视图左上角的“+”号,在弹出的快捷菜单中选择“配置视口”命令,在弹出的“视口配置”对话框的“布局”标签栏中查看并选择其他布局,如图 1.2.3 所示。

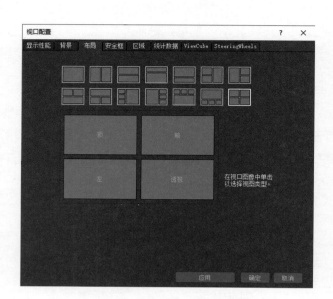

图 1.2.3 视口配置中的布局

2. 活动视图边框

4 个视图都可见时，带有黄色亮光显示框的视图始终处于活动状态。

3. 视图标签

在视图左上角显示标签。可以通过右键单击视图标签来显示视图菜单，以便控制视图的多个方面。

4. 动态调整视图的大小

可以调整 4 个视图的大小，它们可以以不同的比例显示。要恢复到原始布局，用右键单击分隔线的交叉点并从快捷菜单中选择"重置布局"命令。

5. 世界空间三轴架

世界空间三轴架显示在每个视图的左下角。世界空间 3 个轴的颜色分别是 X 轴为红色、Y 轴为绿色、Z 轴为蓝色。三轴架通常指世界空间，而不论当前是什么参考坐标系。

6. 对象名称的视图工具提示

当在视图中处理对象时，如果将光标停留在任何未选定的对象上，那么将显示带有对象名称的视图工具提示。

六、其他控制栏

1. 提示状态栏

3ds Max 2020 窗口底部包含一个区域，提供有关场景和活动命令的提示及状态信息。还可以显示坐标区域，可以在此输入变换值，左边有一个到 MAX Script 侦听器的两行接口。

2. 时间和动画控制栏

位于提示状态栏和视图控制栏之间的是动画控制栏，以及用于在视图中进行动画播放的时间控制栏。

3. 视图控制栏

在提示状态栏的右侧，部分按钮用来控制视图显示和导航，还有一些按钮用于控制摄影机和灯光视图。

4. 浮动工具栏

3ds Max 2020 中除了主工具栏外，其他一些工具栏也可以从固定位置分离，重新定位到桌面的其他位置，并使其处于浮动状态，这些工具栏就是浮动工具栏。浮动工具栏包括轴约束工具栏、层工具栏、附加工具栏、渲染快捷方式工具栏和捕捉工具栏等。

想 — 想

1. 3ds Max 的界面功能很丰富，你该怎样来概括这个界面的功能呢？

2. 3ds Max 可以配置多种视图界面，你认为哪种视图界面比较适合自己的操作呢？

任务实施

要求：根据企业设计项目的任务要求，完成 3ds Max 界面的常规设置，以便进一步实施效果图制作项目。

在 3ds Max 中，有些默认的设置并不符合我们日常制作效果图的使用习惯，为提高作图效率，有必要根据使用需求来调整相关参数。而且这些参数一经设置后，只要电脑没有还原设备，就会一直存在，不需要重新设置。

一、调整首选项设置

单击菜单栏上的"自定义"菜单，在弹出的下拉菜单中单击"首选项"，会弹出"首选项设置"对话框，如图 1.2.4 所示。

图 1.2.4 "首选项设置"对话框

1. "常规"标签栏设置

在"常规"标签栏中，主要调整"场景撤销"和"场景选择"选项。

（1）"场景撤销"选项

在 3ds Max 中，"场景撤销"的次数默认只有 20 次，在制作一些比较复杂的效果图时，步骤比较多，这个默认的撤销次数远远不够。因此，我们需要把它调整到 300 次以上。如图 1.2.5 所示。

图 1.2.5 "场景撤销"设置

（2）"场景选择"选项

勾选"按方向自动切换窗口／交叉"复选框，默认选项为"右 –> 左 => 交叉"。这样当鼠标从左向右框选为全部框住才能选中物体，从右向左框选为接触即可选中。如图 1.2.6 所示。

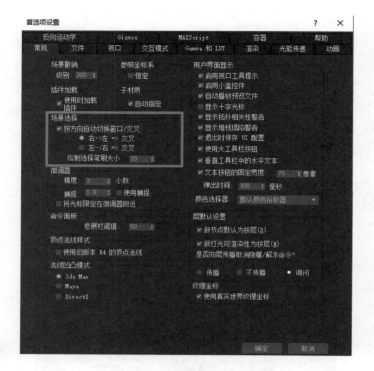

图 1.2.6 "场景选择" 设置

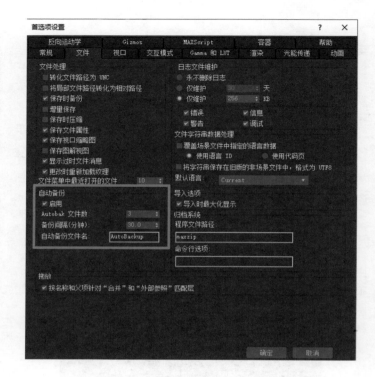

图 1.2.7 "自动备份" 设置

2. "文件" 标签栏设置

在 "文件" 标签栏中，主要调整 "自动备份" 的设置。根据需要调整 "自动备份" 的备份间隔。"自动备份" 是一个比较重要的设置，它能够定时给制作的场景模型进行自动备份，在程序崩溃或死机时能及时找回原来制作的文件。默认的备份间隔是 5 分钟，也就是说每隔 5 分钟，程序会自动保存一次。但在我们在制作一些比较大的场景时，保存时间比较长，有的时候保存时间长达几分钟，如果按默认的设置，会严重影响我们的作图效率。因此，这个备份间隔需要调整到 30 分钟。这样既能够降低程序自动备份的频率，又能保证文件的安全，如图 1.2.7 所示。

二、调整单位设置

3ds Max 的单位设置很重要，通过单位设置，我们可以控制场景模型的空间比例关系、模型贴图比例关系、灯光渲染强度等。通常 3ds Max 使用 "英寸" 作为默认单位，但是我们在绘制 CAD 施工图时，都习惯用 "毫米" 为单位。3ds Max 在导入 CAD 施工图时，如果单位不一致，后期在建模过程中就会出现很多问题，例如导入的模型过大或过小、模型贴图比例不准、灯光渲染过亮或过暗等。因此，我们需要将 3ds Max 的单位也调整为 "毫米"。单击菜单栏上的 "自定义" 菜单，在弹出的下拉菜单中单击 "单位设置"，如图 1.2.8 所示。

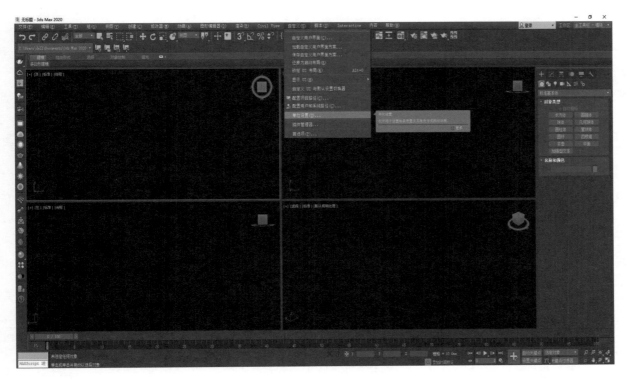

图 1.2.8 "单位设置"选项

在弹出的"单位设置"对话框"显示单位比例"下的"公制"栏中，选择"毫米"，然后单击"单位设置"对话框上方的"系统单位设置"按钮，在弹出的"系统单位设置"对话框中，将"系统单位比例"设置为"毫米"，如图 1.2.9、图 1.2.10 所示。

注 意

1. 实训室中的电脑一般都装有还原卡，电脑重新启动后，都会还原到初始状态，因此，每次开机都需要重新设置 3ds Max。

2. 在设置完"显示单位比例"后，一定要看一下"系统单位设置"是不是毫米，两个界面的单位要一致。

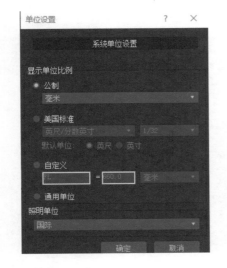

图 1.2.9 "单位设置"对话框

图 1.2.10 "系统单位设置"对话框

3ds Max 数字创意表现 实训任务单

项目名称	项目 1 3ds Max 软件安装与设置	任务名称	任务 2 3ds Max 软件设置
任务学时	2 学时		
班 级		组 别	
组 长		组 员	
任务目标	1. 了解 3ds Max 界面信息； 2. 能够对 3ds Max 界面进行常规设置		
实训准备	预备知识：1.3ds Max 软件概念和用途；2.3ds Max 软件安装与启动。 工具设备：图形工作站电脑、A4 纸、中性笔。 课程资源："3ds Max 数字创意表现"在线课——智慧树网站链接： https://coursehome.zhihuishu.com/courseHome/1000062541#teachTeam		
实训要求	1. 了解 3ds Max 界面信息； 2. 了解 3ds Max 界面中常规命令的调用方法； 3. 熟知 3ds Max 界面常规设置方法； 4. 旷课两次及以上者、盗用他人作品成果者单项任务实训成绩为零分，旷课一次者单项任务实训成绩为不合格		
实训形式	1. 以小组为单位进行 3ds Max 2020 软件安装的任务规划，每个小组成员均需要完成 3ds Max 2020 软件界面设置的实训任务； 2. 分组进行，每组 3~6 名成员		
成绩评定方法	1. 总分 100 分，其中工作态度 20 分，过程评价 30 分，完成效果 50 分； 2. 上述每项评分分别由小组自评、班级互评、教师评价和企业评价给出相应分数，汇总到一起计算平均分，形成本次任务的最终得分		

3ds Max 数字创意表现 实训评价单						
项目名称	项目 1 3ds Max 软件安装与设置		任务名称	任务 2 3ds Max 软件设置		
班　级			组　别			
组　长			组　员			
评价内容	评价标准		小组自评	班级互评	教师评价	企业评价
工作态度 (20分)	1. 出勤：上课出勤良好，没有无故缺勤现象。(5分)					
	2. 课前准备：教材、笔记、工具齐全。(5分)					
	3. 能够积极参与活动，认真完成每项任务。(10分)					
过程评价 (30分)	1. 能够制订完整、合理的工作计划。(6分)					
	2. 具有团队意识，能够积极参与小组讨论，能够服从安排，完成分配的任务。(6分)					
	3. 能够按照规定的步骤完成实训任务。(6分)					
	4. 具有安全意识，课程结束后，能主动关闭并检查电脑及其他设备电源。(6分)					
	5. 具有良好的语言表达能力，能够有效进行团队沟通。(6分)					
完成效果 (50分)	1.3ds Max 首选项设置 (30分)	(1)"常规"标签栏设置准确。(20分)				
		(2)"文件"标签栏设置准确。(10分)				
	2.3ds Max 单位设置 (20分)	(1) 显示单位比例设置准确。(10分)				
		(2) 系统单位比例设置准确。(10分)				
总得分 (100分)						

　　本项目主要介绍了 3ds Max 软件应用前期需要进行的准备工作及软件的安装、初始设置等内容，具体包括 3ds Max 软件认知、软件的安装、软件初始设置、软件界面认知等。本项目任务的操作完成了模拟企业安装 3ds Max 软件、软件基础设置等基础性工作，为后续项目实施奠定了坚实的基础。

项目实训

　　为某建筑装饰公司设计部的电脑安装 3ds Max 软件，并对软件进行初始设置。

1. 部门：设计部。

2. 要求：安装 3ds Max 2020 版本的软件，并对软件进行初始设置，使其达到可用状态。

项目 2

室内场景建模工具应用

本项目来源于某建筑装饰设计研究院有限公司，运用 3ds Max 和 VRay 软件，根据某家装室内设计项目的平面布置图，完成住宅墙体建模，如图 2.1.1 所示。

学习目标

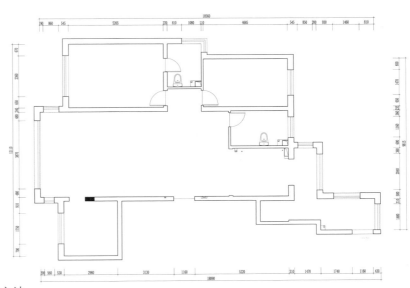

图 2.1.1 某家装室内设计项目的平面布置图

知识目标：

1. 能够描述出运用长方体建模方式创建墙体的流程和方法；
2. 能够描述出运用多边形建模方式创建墙体的流程和方法；
3. 能够描述出运用长方体建模方式创建门、窗口的流程和方法。

技能目标：

1. 能够根据给出的平面布置图，运用长方体建模方式创建墙体模型；
2. 能够根据给出的平面布置图，运用多边形建模方式创建墙体模型；
3. 能够根据给出的平面布置图，运用长方体建模方式创建门、窗口模型。

素养目标：

1. 能够自主收集资料，自主学习；
2. 能够严守职业规范，严格按照操作流程完成任务；
3. 培养团队合作精神；
4. 具有安全意识，能够在设备使用前后进行检查并保持设备的完好性。

知识思维导图：

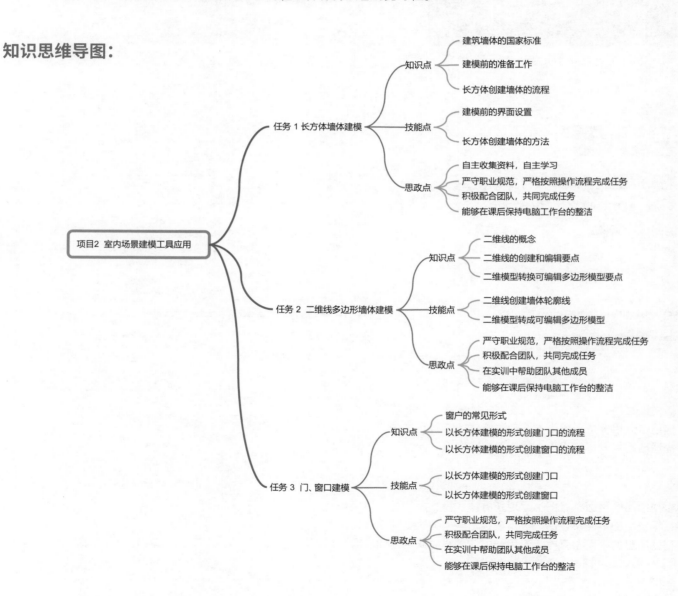

任务 1

长方体墙体建模

任务解析

运用 3ds Max 软件中的长方体建模工具进行墙体建模，基本流程包括建模前准备和场景建模两个部分，如图 2.1.2 所示。

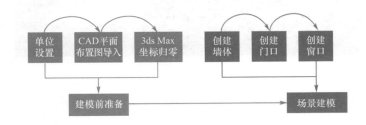

图 2.1.2 墙体建模流程图

1. 建模前准备

在建模前，需要进行单位设置，导入 CAD 平面布置图，然后将 3ds Max 坐标归零，为进一步的场景建模做好准备。

2. 场景建模

根据导入的 CAD 平面布置图，用 3ds Max 中的长方体建模工具建模的方法，创建墙体，完成墙体建模任务。

3. 卧室效果图建模要求

（1）单位设置：模型统一尺寸单位为毫米（mm）。

（2）在导入 CAD 文件后，坐标要归零。

（3）尺寸把握准确，场景建模及家具导入，必须和实际物体尺寸一致。

知识链接

一、长方体建模认知

长方体是几何体建模中最简单的三维基本体，它的位置在 3ds Max 右侧的创建面板 ⬤ "几何体"下的"标准基本体"中。或者在菜单栏中的"创建"菜单"标准基本体"中单击"长方体"，也可以创建长方体。长方体的参数比较简单，在参数卷展栏中，主要包括长度、宽度、高度、长度分段、宽度分段、高度分段、生成贴图坐标、真实世界贴图大小 8 个部分，如图 2.1.3 所示。

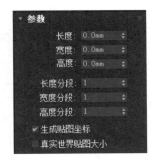

图 2.1.3 长方体的参数

1. 长度、宽度、高度

长度、宽度、高度用于设置长方体的长度、宽度和高度的尺寸数值。当创建长方体时，拖动长方体的侧面，其相应的数值也会同步发生变化。长度、宽度和高度默认值是 0.0,0.0,0.0，如果我们事先设置以毫米为单位，那么在长方体的长度、宽度和高度数值中，会显示出"mm"的单位。

在创建长方体后，如果取消了该长方体的当前选择，或选择了其他的物体，再选择该长方体进行参数修改时，则需要到修改面板中去设置。在很多情况下，我们在修改长方体参数时，不清楚哪个是长度，哪个是宽度，经常会弄错。实际上，长方体的坐标 X 轴代表宽度，Y 轴代表长度，Z 轴代表高度，因此在输入长方体的长度、宽度和高度时，可以根据长方体相应的坐标轴去判断。

2. 长度分段、宽度分段、高度分段

长度分段、宽度分段、高度分段用于设置长方体每个坐标轴方向的分段数值。在默认情况下，长方体的各分段数值为 1。当需要改变该长方体的形状时，必须调整它的分段数值才能实现。如在将长方体弯曲时，弯曲的侧面要增加相应分段的数值才能实现，分段数值越高，其弯曲的表面越光滑。

3. 生成贴图坐标

当我们为长方体附加贴图时，贴图会根据 X、Y、Z 轴坐标值附加到长方体上。贴图的比例和长方体不一定匹配，需要后期加入 UVW 贴图来调整。该项默认为启用。

4. 真实世界贴图大小

以真实世界尺寸大小来赋予模型贴图，一般在 3ds Max 软件安装后是默认勾选开启的。但开启后会无法看到贴图的效果，因此我们在实际使用中是取消勾选的。

二、3ds Max 坐标认知

1.3ds Max 坐标系

坐标系统是描述物质存在的空间位置（坐标）的参照系统，通过定义特定的基准及其参数形式来实现。按坐标的维度一般分为一维坐标（公路里程碑）、二维坐标（笛卡尔平面直角坐标）和三维坐标（空间直角坐标、大地坐标）等。

3ds Max 中的坐标，属于直角三维坐标系。由三条互相垂直的数轴组成，这三条数轴分别为 X 轴（横轴）、Y 轴（纵轴）、Z 轴（竖轴），统称为坐标轴。3ds Max 中的坐标是世界坐标和屏幕坐标的混合体，其中透视视图是世界坐标，其他三个视图（顶视图、前视图和左视图）为屏幕坐标，如图 2.1.4 所示。

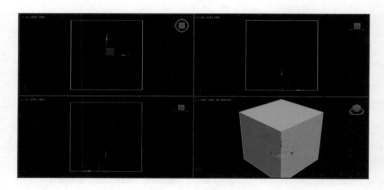

图 2.1.4 3ds Max 中的世界坐标和屏幕坐标

2.3ds Max 世界坐标

世界坐标又称为绝对坐标，是一个三维坐标，坐标系绝对不会变化，位于各视口的左下角，其坐标原点位于视口中心（每个视图中最粗的平行直线与最粗的垂直直线相交处）。在顶视图中，水平线代表 X 轴，垂直线代表 Y 轴；在前视图中，水平线代表 X 轴，垂直线代表 Z 轴；在左视图中，水平线代表 Y 轴，垂直线代表 Z 轴。物体在其右、上为正值；在其左、下为负值。

3.3ds Max 屏幕坐标

屏幕坐标是使用活动视口屏幕为坐标系，它是一个二维坐标，其中 X 轴为水平方向，正向朝右，Y 轴为垂直方向，正向朝上，Z 轴为深度方向，垂直于屏幕指向用户。

4.坐标归零的目的及方法

（1）目的：3ds Max 对模型计算默认是以原点为基准，即在世界坐标中位于 0,0,0 的原点。将模型坐标归零，有助于减少软件运行内存。模型导入后，如果其位置及大小不在理想状态，那么归零有助于很快找到模型。

（2）方法：在 3ds Max 界面的工具栏中单击"选择并移动"工具，选择指定对象，或者单击指定对象后，右击，在弹出的快捷菜单中选择"移动"，在视图下方的"坐标系统"中的 X、Y、Z 输入框中分别输入 0，该对象物体即移动到坐标原点。

三、住宅建筑国家标准

一般在住宅建筑中，外墙往往具有承重和保温的作用。根据中华人民共和国住房和城乡建设部发布的《高层建筑混凝土结构技术规程》（JGJ 3—2010）中第 7.2.1 条的规定：一、二级剪力墙：底部加强部位不应小于 200 mm，其他部位不应小于 160 mm；《砌体结构设计规范》（GB 50003—2011）第 10.1.2 条规定：多层砌体房屋，采用普通砖为建筑材料的，最小墙厚度为 240 mm。标准中所说的剪力墙，一般也指承重墙。一般的标准砖的尺寸为 240 mm × 115 mm × 53 mm，一个砖长或两个砖宽是 240 mm。承重墙由砖砌筑时，至少需要两个标准砖并排砌筑，加上中间水泥砂浆的厚度，得到建筑的砖砌承重墙厚度最少是 240 mm。因此，我们在墙体建模时，一定要认真严谨，所有的数据都要结合实际，根据墙体实际厚度进行推算，不能自己随意输入数值。如果对建筑结构的某一数据不了解，一定要查找国家规范标准数据，养成认真严谨的工作态度，这样在制图中才能够保证数据的准确性。

四、一些常见居住空间门的尺寸

1.门的标准尺寸

（1）门高一般不低于 2 m，再高也不应超过 2.4 m，否则有空洞感，门扇也需要特殊加固。

（2）如有造型、通风、采光需要，可在门口加腰窗，其高度在 40 cm 以上，但也不宜过高。

（3）门宽一般为 800~900 mm，门板的标准尺寸一般为 2100 mm × 900 mm × 40 mm。

2.入户门规格尺寸

（1）入户门是我们进客厅的第一道门，它是整个家的门面，讲究大气正派。

（2）入户门的标准宽度为 900~1000 mm。

3.卧室门规格尺寸

（1）卧室木门规格有 800 mm × 1900 mm、800 mm × 2000 mm、900 mm × 2000 mm 等。

（2）常用卧室门的尺寸建议为 800 mm × 2000 mm。

（3）可根据门口的尺寸确定非标准尺寸（私人定制尺寸）。

（4）卧室实心木门的标准宽度为 800~900 mm。

4.厨房门规格尺寸

（1）如果是单向推拉门，建议不要小于 800 mm，厨房用具稍大，门太小会造成空间不协调。

（2）门的总宽度可从 1400 mm、1800 mm 和 2000 mm 三个标称数据中选择。

（3）厨房门规格宽度约为 800 mm，门扇规格一般为 670~720 mm。

5.卫生间门规格尺寸

（1）一般卫生间门高度有 1900 mm、2000 mm、2100 mm

这三个尺寸，标准宽度为 700~900 mm。

（2）根据卫生间的总面积计算，空间大的，则门可以大一点，反之，就设计小一点的门。

想一想

将 CAD 图形导入 3ds Max 后，为了方便后续的模型制作，我们如何进行 CAD 图形在 X、Y、Z 轴上的归零？

任务实施

要求：根据企业设计项目的任务要求，用长方体建模的方法，完成某家装室内设计项目场景墙体模型的创建。

一、单位设置

在建模前，首先要进行单位设置，它会影响到后期建模的准确性，以及灯光布置的效果。在 3ds Max 中，可以设置多种单位，但在电脑效果图制作中，统一以毫米为单位。

二、导入平面布置图

将 CAD 平面布置图导入 3ds Max，作为建模的基础。

三、坐标归零

将导入的平面布置图坐标归零，使平面布置图置于坐标原点上。

四、用长方体建模工具创建墙体

1. 捕捉的设置

建模前，用右键单击"捕捉开关"按钮，在弹出的"栅格和捕捉设置"对话框中，将捕捉设置为"顶点"；长按"捕捉开关"按钮，选择"2.5"捕捉模式。

2. 通过长方体建模工具，绘制墙体模型

（1）在右侧创建面板中，选择"长方体"工具，然后捕捉平面图中墙体的对角点进行绘制。

（2）墙体高度按照真实户型图测绘后的房间净高进行绘制，比如当前户型净高为 2.8 m，则在数值栏中手动输入"2800"，按 Enter 键确定。

注意

在这个阶段，要培养自己耐心细致的工作态度，捕捉的时候一定要捉对底图图纸中当前绘制墙体的顶点，避免出现错漏影响后续建模。

3. 建立完整的房间模型

我们继续操作上述的步骤，将这个房间的其他墙体建立完整。然后按快捷键 P，在透视视图中，即可看到我们刚才建立的这个墙体，如图 2.1.5 所示。

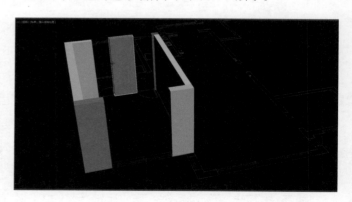

图 2.1.5 房间墙体的建立

3ds Max 数字创意表现 实训任务单

项目名称	项目 2 室内场景建模工具应用	任务名称	任务 1 长方体墙体建模
任务学时	4 学时		
班 级		组 别	
组 长		组 员	
任务目标	1. 能够用长方体建模的方式，创建指定场景的墙体； 2. 小组成员具有团队意识，能够合作完成任务； 3. 能够对自己所做卧室场景建模的过程及效果进行陈述		
实训准备	预备知识：1. 界面基本设置方法；2. 三维模型创建基本工具的使用方法；3. 工具栏中常规工具的使用方法。 工具设备：图形工作站电脑、A4 纸、中性笔。 课程资源："3ds Max 数字创意表现"在线课——智慧树网站链接： https://coursehome.zhihuishu.com/courseHome/1000062541#teachTeam		
实训要求	1. 熟悉长方体建模的基本知识； 2. 掌握长方体建模的基本流程和建模方法； 3. 根据提供的住宅平面布置图，完成指定场景建模； 4. 认真查看住宅平面布置图，小组集体讨论制订场景建模工作计划； 5. 旷课两次及以上者、盗用他人作品成果者单项任务实训成绩为零分，旷课一次者单项任务实训成绩为不合格		
实训形式	1. 以小组为单位进行墙体型创建的任务规划，每个小组成员均需要完成墙体建模的实训任务； 2. 分组进行，每组 3~6 名成员		
成绩评定方法	1. 总分 100 分，其中工作态度 20 分，过程评价 30 分，完成效果 50 分； 2. 上述每项评分分别由小组自评、班级互评、教师评价和企业评价给出相应分数，汇总到一起计算平均分，形成本次任务的最终得分		

3ds Max 数字创意表现 实训评价单							
项目名称	项目2 室内场景建模工具应用		任务名称	任务1 长方体墙体建模			
班　　级			组　　别				
组　　长			组　　员				
评价内容	评价标准			小组自评	班级互评	教师评价	企业评价
工作态度 （20分）	1. 出勤：上课出勤良好，没有无故缺勤现象。（5分）						
	2. 课前准备：教材、笔记、工具齐全。（5分）						
	3. 能够积极参与活动，认真完成每项任务。（10分）						
过程评价 （30分）	1. 能够制订完整、合理的工作计划。（6分）						
	2. 具有团队意识，能够积极参与小组讨论，能够服从安排，完成分配的任务。（6分）						
	3. 能够按照规定的步骤完成实训任务。（6分）						
	4. 具有安全意识，课程结束后，能主动关闭并检查电脑及其他设备电源。（6分）						
	5. 具有良好的语言表达能力，能够有效进行团队沟通。（6分）						
完成效果 （50分）	1.CAD平面布置图导入（10分）	（1）系统单位设置准确。（5分）					
		（2）系统坐标有归零设置。（5分）					
	2. 墙体轮廓创建（10分）	（1）捕捉能准确设置。（2分）					
		（2）墙体轮廓线绘制准确。（5分）					
		（3）墙体节点设置准确。（3分）					
	3. 墙体模型创建（30分）	（1）墙体模型无变形。（5分）					
		（2）墙体建模尺寸准确。（15分）					
		（3）墙体建模位置准确。（10分）					
总得分（100分）							

任务 2

二维线多边形墙体建模

运用 3ds Max 中的二维线建模工具进行墙体建模，基本流程包括建模前准备和场景建模两个部分，如图 2.2.1 所示。

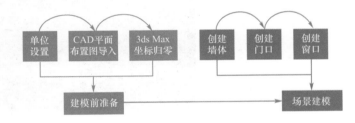

图 2.2.1 多边形墙体建模流程

1. 建模前准备

在建模前，需要进行单位设置、导入 CAD 平面布置图，然后将平面布置图的坐标归零，为进一步的场景建模做好准备。

2. 场景建模

根据导入的平面布置图，用 3ds Max 中的二维线多边形建模工具建模的方法，创建墙体，完成墙体建模任务。

3. 卧室效果图建模要求

（1）单位设置：模型统一尺寸单位为毫米（mm）。

（2）在导入 CAD 文件后，坐标要归零。

（3）尺寸把握准确，场景建模及家具导入，必须和实际物体尺寸一致。

扫码看视频

二维线多边形
单面墙体建模

要求：根据企业设计项目的任务要求，用二维线多边形单面建模的方法，完成某家装室内设计项目场景墙体模型的创建。

一、二维线的建立与编辑

1. 二维线的建立

二维线又叫样条线，是我们在 3ds Max 中使用频率较高的一个工具。所有标准几何体无法绘制的异形体，我们都可以用样条线 + 挤出工具的方式制作出来。

2. 二维线的编辑

在右侧创建面板中，选择"矩形"工具，然后捕捉平面图中墙体的对角点进行绘制。如果我们想要进行更多的修改，就要把这个矩形转换为可编辑样条线。具体操作：单击鼠标右键，转换为"可编辑样条线"。这样我们就可以看到出现了很多额外的命令。通过这些命令，可以对二维线进行更多的编辑和修改。在可编辑样条线界面中，我们可以看到 3 个子命令，分别是顶点、线段、样条线，如

图 2.2.2 所示。

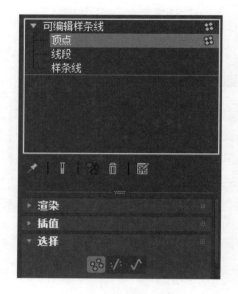

图 2.2.2 可编辑样条线

顶点就是对单独的某个点或多个点进行调整；线段就是对单独的某条线段或多条线段进行调整；样条线就是对选中的整条二维线进行移动或调整。这样看来就是从一个点到一条线，到一个整体逐一进行调整的层级顺序。

在操作的时候，要注意它们之间的层级关系。如果出现了后续命令无法开启的情况，就先检查一下当前所在层级，是否具有打开后续命令的权限。

3. 顶点命令

我们先来看看顶点命令，开启顶点，并选择任意一个点后，单击鼠标右键，会看到四个选项，分别是 Bezier 角点、Bezier、角点和平滑，其中 Bezier 的中文音译为贝塞尔，如图 2.2.3 所示。

"角点"，是尖锐的顶点，点两侧的线段不可编辑，都是直线形式。

"平滑"，可以使点两侧的线段变得圆滑，呈现出曲线的形式，但仍旧不能对其进行编辑。

"Bezier"，会在点上出现一个杠杆，通过调节杠杆的两端，对当前点所在的一条线段进行编辑。

"Bezier 角点"，会在当前点上出现两个杠杆，并对当前点所在的两条线段进行编辑。

我们平时作图时用到最多的还是角点和平滑这两个点的命令。

接下来有几个常见的子层级命令需要注意：

（1）断开，断开就是将当前的这个点一分为二，将其分开。

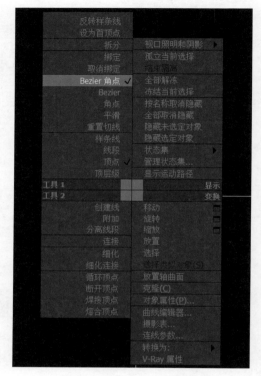

图 2.2.3 顶点命令菜单

（2）焊接，就是将分开的两个点合为一点。焊接命令旁边有个数值框，通常指的是两个点间的距离。当数值小于两点间距离时，则无法焊接，只有当数值大于或等于当前两点间的距离时，才能将两点焊接。

（3）圆角，即倒圆角，可以在圆角工具开启后，用鼠标拖曳进行修改，或者直接输入数值进行修改。

（4）切角，作用和圆角相同，但是我们可以看到这个命令拖曳出来的角是比较硬的角。

（5）细化，也叫优化，就是在当前模型上加更多的点，进行更细节的编辑。

（6）连接，可以将两个点用线段的方式串联起来，比如这里我们删除掉一条线段，然后通过连接工具，将这条线段连接回来。这里应注意区分它和焊接命令。

二、二维线多边形墙体建模

1. 建模前的设置

（1）设置单位

在建模前，首先要进行单位设置，将"单位设置"对话框"显示单位比例"中的"公制"改成"毫米"，将"系统单位设置"中的"系统单位设置"也改成"毫米"。

（2）导入平面布置图

在3ds Max中，导入CAD绘制的dwg格式的平面布置图。

（3）3ds Max坐标归零

用 ➕ "选择并移动"工具选取导入的CAD平面布置图，将该图的坐标归零。

（4）捕捉设置

长按 2.5 "捕捉开关"按钮，或按键盘上的"S"快捷键，激活"2.5"捕捉模式；右键单击"捕捉开关"按钮，弹出"栅格和捕捉设置"对话框，将捕捉设置为"顶点"。

2. 二维线多边形单面墙体建模

在右侧创建面板中，选择"线"工具，然后捕捉平面图中墙体的某一顶点进行绘制。遇到门口和窗口，则多点一个锚点画过去，这样方便后续清理这条线。描线的过程中，要多注意户型图中的墙体细节，比如柱体、墙垛、通风管道等。像这样一路画过去，然后闭合。接着在修改器列表中，选择顶点，观察是否存在没有对齐的地方，我们可以通过"选择并移动"工具移动点，将没有对齐的部分进行对齐。再选择"线

段"工具，将门口和窗口的线删除干净。删除门口和窗口后，再放大观察一下是否有未对齐的点和线，并进行相应调整，直到所有的点和线都对齐为止，如图2.2.4所示。

图 2.2.4 完成卧室墙体二维线的创建

在修改器列表中，找到"挤出"工具，数值设置为当前的空间高度，如2800，按Enter键确定。按快捷键P就可以看到这部分的单面墙体建模了，如图2.2.5所示。

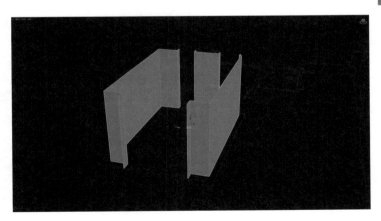

图 2.2.5 单面墙体建模

二维线单面墙体建模的优点是方便快捷，适合于快速制作当前房间内部装饰效果图，但如果需要渲染顶视图或其他特殊视图的话，这个方法就不适用了。

3ds Max 数字创意表现 实训任务单			
项目名称	项目2 室内场景建模工具应用	**任务名称**	任务2　二维线多边形墙体建模
任务学时	4 学时		
班　级		**组　别**	
组　长		**组　员**	
任务目标	1. 能够用二维线多边形墙体建模的方式，创建指定场景的墙体； 2. 小组成员具有团队意识，能够合作完成任务； 3. 能够对自己所做场景建模的过程及效果进行陈述		
实训准备	预备知识：1. 界面基本设置方法；2. 三维模型创建基本工具的使用方法；3. 工具栏中常规工具的使用方法。 工具设备：图形工作站电脑、A4 纸、中性笔。 课程资源："3ds Max 数字创意表现"在线课——智慧树网站链接： https://coursehome.zhihuishu.com/courseHome/1000062541#teachTeam		
实训要求	1. 熟悉二维线多边形墙体的基本知识； 2. 掌握二维线多边形墙体的基本流程和建模方法； 3. 根据提供的住宅平面布置图，完成指定场景建模； 4. 认真查看住宅平面布置图，小组集体讨论制订场景建模工作计划； 5. 旷课两次及以上者、盗用他人作品成果者单项任务实训成绩为零分，旷课一次者单项任务实训成绩为不合格		
实训形式	1. 以小组为单位进行指定空间墙体模型创建的任务规划，每个小组成员均需要完成指定空间墙体模型的建模实训任务； 2. 分组进行，每组 3~6 名成员		
成绩评定方法	1. 总分100 分，其中工作态度20 分，过程评价30 分，完成效果50 分； 2. 上述每项评分分别由小组自评、班级互评、教师评价和企业评价给出相应分数，汇总到一起计算平均分，形成本次任务的最终得分		

3ds Max 数字创意表现 实训评价单							
项目名称	项目2 室内场景建模工具应用		任务名称	任务2 二维线多边形墙体建模			
班 级			组 别				
组 长			组 员				
评价内容	评价标准			小组自评	班级互评	教师评价	企业评价
工作态度 (20分)	1. 出勤：上课出勤良好，没有无故缺勤现象。(5分)						
	2. 课前准备：教材、笔记、工具齐全。(5分)						
	3. 能够积极参与活动，认真完成每项任务。(10分)						
过程评价 (30分)	1. 能够制订完整、合理的工作计划。(6分)						
	2. 具有团队意识，能够积极参与小组讨论，能够服从安排，完成分配的任务。(6分)						
	3. 能够按照规定的步骤完成实训任务。(6分)						
	4. 具有安全意识，课程结束后，能主动关闭并检查电脑及其他设备电源。(6分)						
	5. 具有良好的语言表达能力，能够有效进行团队沟通。(6分)						
完成效果 (50分)	1. CAD平面布置图导入(10分)	(1) 系统单位设置准确。(5分)					
		(2) 系统坐标有归零设置。(5分)					
	2. 墙体轮廓创建(10分)	(1) 捕捉设置准确。(2分)					
		(2) 墙体轮廓线绘制准确。(5分)					
		(3) 墙体节点设置准确。(3分)					
	3. 墙体模型创建(30分)	(1) 墙体模型无变形。(5分)					
		(2) 墙体建模尺寸准确。(15分)					
		(3) 墙体建模位置准确。(10分)					
总得分(100分)							

任务3

门、窗口建模

任务解析

1. 建模前准备

在建模前，需要进行单位设置、导入住宅 CAD 平面布置图，然后将住宅 CAD 平面布置图的坐标归零，为进一步的场景建模做好准备。

2. 场景建模

根据导入的平面布置图，用 3ds Max 中的建模工具，创建门口和窗口模型，完成建模任务。

3. 建模要求

（1）单位设置：模型统一尺寸单位为毫米（mm）。

（2）在导入 CAD 文件后，坐标要归零。

（3）相同物体复制必须用"实例"复制。

（4）尺寸把握准确，场景建模必须和实际物体尺寸一致。

知识链接

一、常见的窗户形式

家家户户都需要安装窗户，而常见的窗户也有很多类型，设计者可以根据业主的实际需求来进行选择。

1. 推拉窗

推拉窗的使用范围是比较广泛的，使用寿命也特别长，它的采光和通风效果都非常不错。如果搭配了大块的玻璃，还能够增加室内的采光度，改善整个房间的面貌。

2. 平开窗

平开窗有一个特点就是不会占据室内的空间，而且密封性能也非常不错。它的缺点就是视野不是特别开阔，而且刮大风的时候会发出声音。平开窗一般会安装纱窗，如果质量不过关，有可能还会出现渗水的麻烦。

3. 外翻窗

外翻窗在一些高楼大厦比较常见，它是从下部向外推，中间的距离能够达到十几厘米，有一部分悬在空中，通过铰链与窗台固定起来，所以也称为下悬式窗户。

二、选择窗户的注意事项

1. 除了考虑材质，还要考虑窗户的五金配件，一般来说应选择金属制造的，稳定性会好一些。

2. 考虑窗户的隔音效果，如果选择的是中空玻璃，它的隔音效果更加突出，同时窗框要用密封条密封好，这样也能够达到隔音的目的。

3.窗户是否安全、开关是否灵活、是否容易出现变形等，这些因素都要考虑在内。

三、常见的门形式

在室内空间中，根据不同的使用需求，门的形式也是多种多样的。其中，常见的主要有平开门、推拉门、折叠门、弹簧门等。

1. 平开门

平开门是指合页（铰链）装于门侧面、向内或向外开启的门。由门套、合页、门扇、锁等组成。平开门包括单开门和双开门两种。单开门指只有一扇门板，一侧作为门轴，另一侧可以开关；双开门有两扇门板，各自有自己的门轴，可以向两个方向开启。单开门一般用于居住空间的室内门，如卧室、书房等，或公共空间中人数较少的室内空间，如小型的办公室；双开门一般用于居住空间的进户门，便于搬运较大的家具、电器等物品，公共空间用于人流较大的室内空间，如会议室、教室等。

2. 推拉门

推拉门是一种家庭常用门，指可以推动拉动的门。推拉门主要由门扇和滑轨组成，可以在滑轨中横向推拉移动，比较节约空间，在居住空间中主要用于厨房、卫生间等面积狭小的地方。

3. 折叠门

折叠门主要由门框、门扇、传动部件、转臂部件、定向装置等组成。该门型可安装于室内和室外。每樘门有四个门扇，边门扇、中门扇各两扇。边门扇一边的边框与中门扇之间由铰链连接，边门扇另一边的门框上、下端分别装有上、下转轴，转轴与门洞两边门框上、下转轴座相连

接，边门框将绕着一边框旋转，同时带动中门扇一起旋转至90°，从而使门扇开启和关闭。折叠门比较节省空间，但结构比较复杂。

4. 弹簧门

弹簧门是指装有弹簧合页的门，开启后会自动关闭。弹簧门多用于公共场所通道、紧急出口通道。弹簧门常见的主要是平开门，在防火通道中，防火门要求为常闭状态，因此常用弹簧平开门。

任务实施

要求：根据企业设计项目的任务要求，用二维线建模的方法，完成某家装室内设计项目场景门窗口模型的创建。

一、建模前的准备工作

1. 单位设置

在单位设置中，将单位设置为"毫米"。

2. 导入平面布置图

导入 CAD 的 dwg 格式的卧室平面布置图。

3. 坐标归零

用"选择并移动"工具选取导入的 CAD 图，将坐标归零。

二、门口的绘制

绘制门口和窗口时要注意，这部分墙体的高度和之前的有所不同。所以绘制的方法也有所变化。

例如：门口，我们在绘制墙体的时候，只要做门的上部即可，通常室内门的高度在 2 m 左右。我们这个图的空间高

度给的是 2.8 m，所以门上部墙体的高度给 800 mm 即可。

800 mm 高的长方体建成后，在立面视图中，进行移动调整，一定要和其他墙体对齐，这里就体现出开启捕捉工具的重要性了。

对齐后一个门口就完成了，接下来我们可以按住 Shift+鼠标左键拖曳复制，把另外一个门口制作完成，如图 2.3.1 所示。

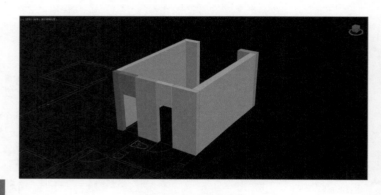

图 2.3.1 门口的绘制

注意

这里之所以会有这样一个缺口，是因为两个门口的长度不同，在居住空间中，卫生间的门要比室内其他门小一些。

三、窗口的绘制

在绘制窗口时，我们首先要理解的是，除了窗体本身，它所在的墙体是有上、下两个部分的。首先绘制下方墙体，还是创建一个长方体，根据人体工程学，将其高度设置为 900 mm。然后在前视图或后视图中，复制这个墙体，将其移动到窗口的上方，根据人体工程学将数值调整为 300 mm，然后和其他墙体对齐，完成墙体的绘制，如图 2.3.2 所示。

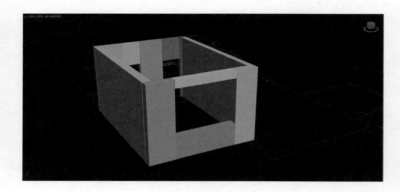

图 2.3.2 窗口的绘制

3ds Max 数字创意表现 实训任务单

项目名称	项目 2 室内场景建模工具应用	任务名称	任务 3 门、窗口建模
任务学时	4 学时		
班　级		组　别	
组　长		组　员	
任务目标	1. 创建指定场景的门口； 2. 创建指定场景的窗口； 3. 小组成员具有团队意识，能够合作完成任务； 4. 能够对自己所做建模的过程及效果进行陈述		
实训准备	预备知识：1. 界面基本设置方法；2. 三维模型创建基本工具的使用方法；3. 工具栏中常规工具的使用方法。 工具设备：图形工作站电脑、A4 纸、中性笔。 课程资源："3ds Max 数字创意表现"在线课——智慧树网站链接： https://coursehome.zhihuishu.com/courseHome/1000062541#teachTeam		
实训要求	1. 熟悉场景建模的基本知识； 2. 掌握场景建模的基本流程和建模方法； 3. 根据提供的住宅平面布置图，完成指定场景建模； 4. 认真查看住宅平面布置图，小组集体讨论制订场景建模工作计划； 5. 旷课两次及以上者、盗用他人作品成果者单项任务实训成绩为零分，旷课一次者单项任务实训成绩为不合格		
实训形式	1. 以小组为单位进行卧室场景门、窗口模型创建的实训任务； 2. 分组进行，每组 3~6 名成员		
成绩评定方法	1. 总分 100 分，其中工作态度 20 分，过程评价 30 分，完成效果 50 分； 2. 上述每项评分分别由小组自评、班级互评、教师评价和企业评价给出相应分数，汇总到一起计算平均分，形成本次任务的最终得分		

3ds Max 数字创意表现 实训评价单

项目名称	项目 2 室内场景建模工具应用		任务名称	任务 3 门、窗口建模			
班　级			组　别				
组　长			组　员				
评价内容	评价标准			小组自评	班级互评	教师评价	企业评价
工作态度 (20分)	1. 出勤：上课出勤良好，没有无故缺勤现象。(5分)						
	2. 课前准备：教材、笔记、工具齐全。(5分)						
	3. 能够积极参与活动，认真完成每项任务。(10分)						
过程评价 (30分)	1. 能够制订完整、合理的工作计划。(6分)						
	2. 具有团队意识，能够积极参与小组讨论，能够服从安排，完成分配的任务。(6分)						
	3. 能够按照规定的步骤完成实训任务。(6分)						
	4. 具有安全意识，课程结束后，能主动关闭并检查电脑及其他设备电源。(6分)						
	5. 具有良好的语言表达能力，能够有效进行团队沟通。(6分)						
完成效果 (50分)	1.CAD 平面布置图导入(10分)	(1) 系统单位设置准确。(3分)					
		(2) 捕捉设置准确。(2分)					
		(3) 系统坐标有归零设置。(5分)					
	2. 门口创建(10分)	(1) 门口无变形。(2分)					
		(2) 门口尺寸准确。(5分)					
		(3) 门口位置准确。(3分)					
	3. 窗口创建(30分)	(1) 窗口无变形。(5分)					
		(2) 窗口尺寸准确。(15分)					
		(3) 窗口位置准确。(10分)					
总得分（100分）							

项目总结

本项目主要通过卧室场景的初步建模，介绍了长方体建模、二维线多边形建模等基础方法。通过本项目的任务操作，学习者能够初步了解使用 3ds Max 进行室内场景建模的方法和过程。

项目实训

根据项目实训图（图 2.3.3）所示的某居住空间平面图，完成该住宅的卧室场景基础建模。

要求：1. 有卧室墙体的建模。

2. 有卧室门、窗口的建模。

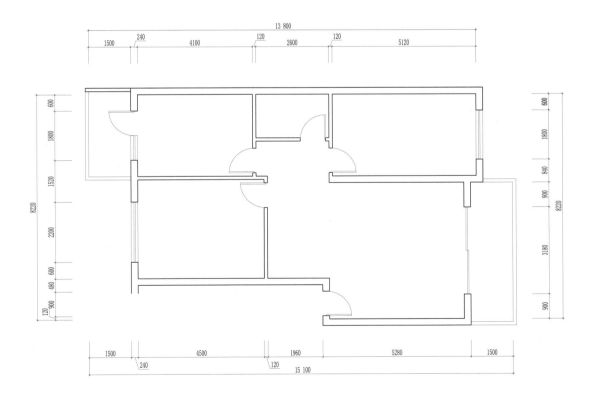

图 2.3.3 居住空间平面图

项目 3　卧室场景制作

本项目来源于某建筑装饰设计研究院有限公司，公司要求运用 3ds Max 和 VRay 软件根据某家装室内设计项目平面布置图，完成次卧场景效果图的制作，如图 3.1.1 所示。

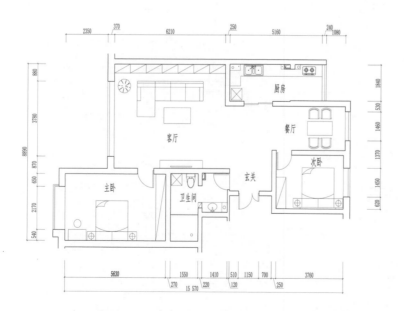

图 3.1.1 某家装室内设计项目平面布置图

次卧室场景效果图表现要求：

1. 住宅基本情况：该住宅使用面积约为 99.7 ㎡，其中次卧室使用面积约为 10.3 ㎡，原始棚高为 3 m。次卧室空间建筑布局规整，天棚无横梁，墙体平整，无凸出的结构。

2. 设计风格：次卧室装修风格以简欧风格为主。

3. 次卧室界面设计要求：天棚要有二级吊顶、发光灯槽、筒灯、棚角线；墙面要有浅灰色壁纸、床头背景墙（背景墙采用米色软包）壁灯、踢脚线；窗户有双层窗帘，一层纱帘，一层遮光帘；地面为深色木地板。

4. 家具要求：家具包括一张双人床、两个床头柜、一个衣柜、陈设品若干。

学习目标

知识目标：

1. 能够比较完整地陈述卧室场景多边形建模的流程和方法；

2. 能够比较完整地陈述卧室场景材质编辑的流程和方法；

3. 能够比较完整地陈述卧室场景灯光设置的方法；

4. 能够比较完整地陈述卧室场景效果图渲染参数设置的方法；

5. 能够比较完整地陈述卧室场景效果图后期处理的流程和方法。

技能目标：

1. 能够根据卧室平面布置图，运用多边形建模方式创建卧室场景模型；

2. 能够在卧室场景中架设摄影机，设置合适的构图视角；

3. 能够根据卧室的风格，在场景中导入恰当的卧室家具和陈设品模型；

4. 能够根据卧室场景的特点，为每个模型选择恰当的材质；

5. 能够根据卧室场景的照明要求，合理布置场景中的灯光；

6. 能够根据卧室场景的渲染环境，合理设置效果图渲染参数，并渲染成图；

7. 能够运用 Photoshop 软件，对卧室场景效果图进行合理的后期处理。

素养目标：

1. 能够自主收集资料，自主学习；

2. 能够严守职业规范，严格按照操作流程完成任务；

3. 培养团队合作精神；

4. 具有安全意识，能够在设备使用前后进行检查并保持设备的完好性。

知识思维导图：

任务1

卧室场景建模

任务解析

次卧室场景建模的基本流程包括建模前准备和场景建模两个部分，如图 3.1.2 所示。

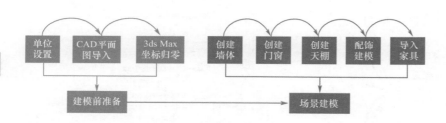

图 3.1.2 次卧室场景建模流程图

1. 建模前准备

在开机前，检查一下电脑设备的状况，如主机、显示器、外设是否齐全，线路是否连接，电源是否接通等。开机后，电脑能否正常启动，系统能否正常运行，3ds Max 软件能否正常打开等。

在建模前，需要进行单位设置、导入住宅 CAD 平面布置图，然后将住宅平面布置图的坐标归零，为进一步的场景建模做好准备。

2. 场景建模

根据导入的住宅平面布置图，用多边形建模的方法，创建次卧室墙体、门窗、天棚；用倒角剖面创建棚角线、踢脚线；最后导入次卧室的家具和设备模型，完成次卧室场景的建模。

3. 次卧室效果图建模要求

（1）单位设置：模型统一尺寸单位为毫米（mm）。

（2）在导入 CAD 文件后，坐标要归零。

（3）相同物体复制必须用"实例"复制。

（4）尺度把握准确，场景建模及家具导入，必须和实际物体尺寸一致。

知识链接

一、卧室的设计内涵

1. 卧室的概念

在住宅中，卧室是供人们睡眠和休息的空间。在面积比较大的住宅空间中，根据使用功能的需要，多个卧室又可分为主卧室和次卧室。其中主卧室只有一个，次卧室可以有两个或更多。

2. 卧室的基本功能

（1）睡眠和休息功能

人一生中有三分之一的时间是在睡眠中度过的，而卧室最主要的功能就是满足人们睡眠和休息的需要，所以，卧室在住宅空间中具有重要的作用。为睡眠和休息服务的主要家具是床，床也是卧室中占地面积最大的家具，因此床在卧室中占据最主要的位置，是卧室的主体。在卧室的设计中，首先应该确定床的位置，然后围绕床来确定卧室空间中各个界面的造型设计及其他的辅助家具。卧室场景的建模也一样，在创建卧室墙体、门窗等基础模型之后，需要以床为中心来创建天棚吊顶，制作床头背景墙模型。如图 3.1.3 所示。

图 3.1.3 床模型

（2）梳妆功能

满足梳妆功能的家具是梳妆台。在住宅面积有限的情况下，梳妆台一般都放在主卧室中，满足家庭女主人化妆的需要。梳妆台在卧室中的位置主要是床头靠窗的角落，以便得到良好的采光。梳妆台要有镜子、桌台和存放化妆品的抽屉等。在选择和调入梳妆台模型时，梳妆台的样式和风格要与卧室风格相一致。如图 3.1.4 所示。

图 3.1.4 梳妆台模型

（3）储物功能

卧室的储物功能主要是储存衣物、床上用品及日常生活用品。储物的家具主要是衣柜、床头柜、带有储物功能的床等，一些面积较大的主卧室还带有衣帽间。储物家具模型是根据卧室的面积大小、整体风格、家具材质色彩统一性等要素选用的。如图 3.1.5、图 3.1.6 所示。

图 3.1.5 衣柜模型

图 3.1.6 床头柜模型

3. 主卧室

主卧室是房屋主人的私人生活空间。在设计中需要充分考虑主人的情感、志趣、个性需求。主卧室的功能比较多,包括睡眠、休闲、梳妆、盥洗、储物等,是一个综合实用功能的活动空间。

4. 次卧室

次卧室包括儿女卧室、父母卧室、客人卧室等。其中,儿女卧室和父母卧室要考虑到居住人的年龄、性别及性格等个性因素。而客人卧室主要供来访客人临时居住,在布置上可以简化,保留基本的睡眠和储物功能即可。

二、卧室常用人体尺度和家具尺寸

在创建家具模型时,家具模型的尺寸要依据实际的尺寸创建。只有熟知家具主要结构的尺寸数据,创建的家具模型才能和卧室场景比例协调起来;在导入家具模型时,有些家具模型不是实际的尺寸比例,有过大或过小的问题,需要根据家具实际的尺寸进行调整。因此,在卧室场景的建模过程中,我们有必要了解卧室常用人体尺度及家具的尺寸,并能够熟知相关的尺寸数据,避免建模时出现家具和场景空间比例失调的问题。

1. 卧室常用人体尺度

（1）床的人体尺度

床有单人床和双人床之分,不同类别的床,人体尺度是不同的,需要根据卧室的设计要求来选择。如图 3.1.7、图 3.1.8 所示。

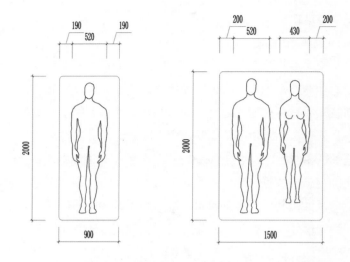

图 3.1.7 单人床人体尺度   图 3.1.8 双人床人体尺度

（2）梳妆台的人体尺度

梳妆台一般靠墙放置,除了梳妆台本身的尺寸外,还需要留出坐在梳妆台前人的活动区域,以及通道的尺寸。一般情况下,从梳妆台的边缘到后方床的位置要留出 1060~1160 mm 的空余,其中包括人坐在梳妆台前的 300~400 mm 活动范围,以及经过梳妆台和床之间通道的宽度。如图 3.1.9 所示。

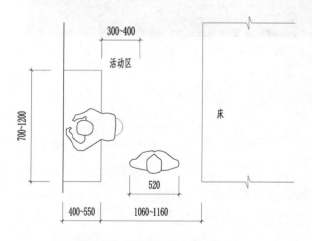

图 3.1.9 梳妆台的人体尺度

（3）衣柜的人体尺度

在布置衣柜时，需要考虑衣柜门打开的范围尺寸及人在衣柜前的活动范围。如果床边有床头柜，衣柜到床头柜要留出柜门开启的范围尺寸。一般情况下，衣柜柜门的开启范围，要留出 600 mm 的空余，柜门开启方向有床，则再留出 600 mm 左右使用人的活动范围。如图 3.1.10 所示。

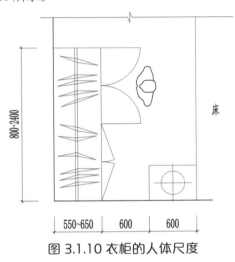

图 3.1.10 衣柜的人体尺度

2. 卧室常用家具尺寸

卧室常用家具尺寸见表 3.1.1。

项目 3 卧室场景制作

51

注 意

1. 在卧室场景中调入家具模型时，我们是根据什么来判断模型的尺寸是否准确的？

2. 在卧室场景中，我们是根据什么来选择卧室家具模型的？

三、卧室的装饰构造

1. 石膏棚角线

在室内装饰设计和施工中，石膏棚角线是一种比较常见的装饰材料。顾名思义，石膏棚角线是以石膏为主要材料，通过石膏粉兑水翻模制成的。石膏主要的化学成分是硫酸钙的水合物，具有良好的防火性能，适用于防火等级较高的建筑空间。

在欧式风格的空间中，石膏棚角线具有重要的装饰作用。棚角线是墙面与天棚的过渡，一般情况下，原始墙面与天棚的交接处往往都不太平直，通过棚角线，能够让棚角更整齐美观。如图 3.1.11、图 3.1.12 所示。

表 3.1.1 卧室常用家具尺寸

序号	家具名称		尺寸 /mm		
			长度	宽度	高度
1	床	单人床	1800、1860、2000、2100	900、1050、1200	400~500
		双人床	1800、1860、2000、2100	1350、1500、1800	400~500
2	床头柜		400~600	350~450	500~700
3	梳妆台		700~1200	400~550	1500
4	衣柜		800、900、1000、1800、2400	550-650	1800~2400

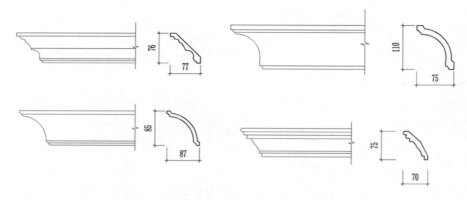

图 3.1.11 石膏棚角线样式及截面图

图 3.1.12 石膏棚角线模型渲染图

2. 踢脚线

踢脚线主要安装在墙脚与地面交界的位置，对墙脚起着保护作用，一方面避免墙脚受到外力冲击，另一方面，在打扫卫生时，即使弄脏踢脚线也容易擦洗。在室内装饰方面，踢脚线也起着视觉平衡的作用，通过线型、材质、色彩等起到良好的美化装饰效果。另外，在铺木地板时，为避免木地板在使用中膨胀顶到墙脚变形起拱，靠墙脚处需要留出 10 mm 伸缩缝，踢脚线就起到掩盖伸缩缝的作用。

踢脚线在材质种类上，分为木质踢脚线、PVC 踢脚线、不锈钢踢脚线、瓷砖踢脚线和石材踢脚线等。其中，木质踢脚线和 PVC 踢脚线比较常见，主要用于搭配木地板；不锈钢踢脚线主要用于现代风格的住宅以及公共场所；瓷砖踢脚线和石材踢脚线分别用于搭配地砖和石材地面。常规踢脚线尺寸见表 3.1.2 。

表 3.1.2 常规踢脚线尺寸

序号	踢脚线种类	踢脚线规格 /mm		搭配地面介质
		长度	高度	
1	木质踢脚线	2000、2200、2400	40~80	木地板
2	PVC 踢脚线	600~1000	60~150	木地板
3	不锈钢踢脚线	1000	40~100	木地板、地砖
4	瓷砖踢脚线	600、800、1000	40~150	地砖
5	石材踢脚线	800~2700	80~150	地砖、石材

3. 门口线

门口线是安装在门口的护角装饰线，也起着保护门口，避免门口遭受磕碰的作用。门口线一般与门的风格和材质进行搭配，如果只有门口没有门，门口线需要与室内风格进行搭配。如图 3.1.13 所示。

图 3.1.13 门口线模型渲染图

4. 窗口线

窗口线主要是用来保护窗户侧边的墙角，避免磕碰，并起到装饰作用。如图 3.1.14 所示。

图 3.1.14 窗口线模型渲染图

5. 窗台板

窗台是窗框的平面位置。窗台的作用是可以排除雨天窗面留下的雨水，防止雨水渗入墙身进入室内，避免污染墙面，导致日后发霉变色等现象。在室内设计中，我们所做的部分是指窗台板。窗台板是压在窗台上面的装饰，主要材料有大理石、花岗石、人造石、木材等。在室内设计中，窗台板不仅仅是装饰，而且往往会根据窗户的结构、窗台的高度，设计出不同的样式和功能，把窗台充分利用起来，如储物柜、座椅、花架等。如图 3.1.15 所示。

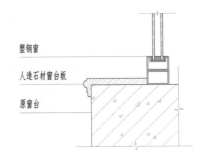

塑钢窗

人造石材窗台板

原窗台

图 3.1.15 人造石材窗台板剖面图

6. 软包

软包是指一种在室内墙表面用柔性材料加以包装的墙面装饰方法。这种柔性材料一般内部为聚氨酯泡沫（海绵），外部为皮革或织物。除了美化空间的作用外，更重要的是它具有吸音、隔音、防撞等功能。用在卧室空间里，能够形成视觉中心，与床形成一个整体，同时也起着柔化空间的作用。

由于软包中填充的聚氨酯泡沫，也就是俗称的海绵，属于易燃材料，在燃烧时会产生大量浓烟和有毒物质，容易造成人员中毒或窒息死亡，因此，在公共场所禁止使用由聚氨酯泡沫填充的装饰材料。在家庭装修施工中，软包所填充的聚氨酯泡沫材料，也需要选用添加阻燃剂的，避免存在火灾隐患。如图 3.1.16 所示。

图 3.1.16 软包模型渲染图

想一想

1. 石膏棚角线在室内设计中，有哪些作用呢？
2. 软包填充物所使用的聚氨酯泡沫，由于防火等级较低，可以用哪些材料来代替呢？

任务实施

要求：根据企业设计项目的任务要求，用多边形建模的方法，完成某家装室内设计项目次卧室场景模型的创建。

扫码看视频

卧室墙体多边形建模

一、单位设置

在建模前，首先要进行单位设置，它会影响到后期建模的准确性，以及灯光布置的效果。3ds Max 中其实可以设置多种单位，但在电脑效果图制作中，统一以毫米为单位。

二、导入居住空间的平面布置图

在 3ds Max 中，需要通过导入的方式把 CAD 的 dwg 格式的"居住空间的平面布置图"加入场景。在 3ds Max 界面上方菜单栏中，打开方式为：文件 / 导入 / 导入。

注意

导入平面布置图前，需要把平面图中的文字和标注去掉，简化图层，如果不这么做，在导入平面图后，平面图会碎片化，变成好几个独立的模型块，选择起来很麻烦。如图 3.1.17 所示。

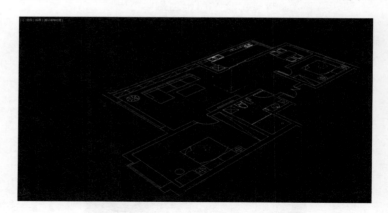

图 3.1.17 导入居住空间平面布置图

三、3ds Max 坐标归零

用 "选择并移动"工具选取导入的 CAD 图，在

3ds Max 界面下方的 X、Y、Z 坐标的空格中，均输入 0.0，这样 CAD 图自动移动到 0 点的位置，它的中心点就是 0 点，以它为参照进行建模，导入的模型及在立面上创建的模型都会出现在原点附近，能够减少寻找的时间。如图 3.1.18、图 3.1.19 所示。

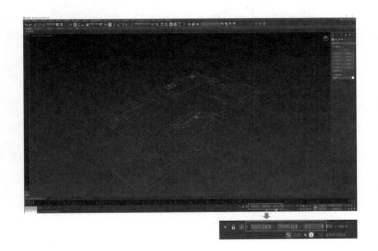

图 3.1.18 导入的 CAD 图归零前的坐标数值

图 3.1.19 导入的 CAD 图归零后的坐标数值

注 意

CAD 图如果不在一个图层上，导入后会按照图层数量分成多个模型块，这时必须将 CAD 图合成为一个组，否则在坐标归零时，CAD 图所有的模型块都会自动回到 0 点，会打乱 CAD 图各个部分的位置，给后面的建模带来麻烦。

四、用多边形建模创建次卧室墙体

1. 捕捉的设置

建模前，长按"捕捉开关"按钮，或按键盘上的快捷键 S，激活"2.5"捕捉模式；右键单击"捕捉开关"按钮，弹出"栅格和捕捉设置"对话框，将捕捉设置为"顶点"。如图 3.1.20 所示。

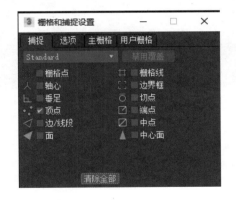

图 3.1.20 "栅格和捕捉设置"对话框

注 意

我们在创建次卧室模型的时候，需要准确地沿着次卧室平面图的墙线画出墙体的轮廓。设置捕捉的目的是能够快速、方便地捕捉到平面图的节点，将墙体精准地画出来。在画墙体轮廓线时，只勾选"顶点"捕捉模式，同时把其他的捕捉模式取消掉，否则，会对"顶点"捕捉造成干扰。

2. 描画次卧室墙体轮廓

在右侧创建面板中，选择"图形"下的"线"工具，用捕捉模式将次卧室的墙体平面描画一圈，注意在门窗和墙体转折处需要加节点。加节点的目的，主要是当墙体轮廓线被挤出层高时，这些节点都会变成竖线，为进一步精确创建门窗、编辑墙体结构打下基础。如图 3.1.21 所示。

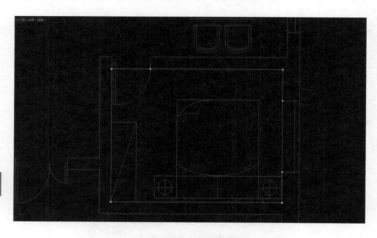

图 3.1.21 次卧室墙体轮廓绘制

注 意

在这个阶段，要培养自己耐心和细致的工作态度，面对比较复杂的墙体结构，需要把每个门窗和墙体转折地方都加上节点，不能漏掉任何一个细节，否则，在后期建模时，需要花费更多的时间来弥补这个失误。

3. 挤出次卧室三维模型

在修改面板的修改器列表中选择"挤出"工具，在"参数"→"数量"中输入 2700，这是次卧室的边棚的高度。我们后面需要在此基础上，向上挤出边棚灯槽挡板和灯槽上方的空间高度。如图 3.1.22 所示。

图 3.1.22 挤出次卧室三维模型

4. 转换可编辑多边形

在修改面板的修改器列表里选择"法线"工具，翻转法线。翻转法线的目的，是在室内的界面中能够看到材质赋予的效果。如果没有翻转法线，室内的界面就是黑色的。

翻转法线后，在次卧模型上单击鼠标右键，弹出快捷菜单，从中选择"转换为"→"可编辑多边形"。这样，次卧模型就变成可编辑多边形模型了，有助于我们下一步的操作。

五、创建次卧室门窗

在描画次卧室墙体平面轮廓时，门窗处加入的节点在挤出后会出现向上的直线，便于我们用多边形建模工具创建门窗。

1. 创建窗户

窗户创建的基本的流程是：先确定窗户的上缘和窗台框架，再将窗口向外挤出，最后制作窗体。

（1）创建窗户上缘和窗台框架

单击"选择"卷展栏中的"边"按钮，选择窗户位置的两条竖线，在"编辑边"卷展栏中，单击"连接"右侧的设置按钮，在"分段"栏中输入 2，出现两条横线，做出窗户的上缘和窗台。选择窗户上缘的横线，在界面上方工具栏的"选择并移动"按钮上单击鼠标右键，在弹出的"移动变换输入"对话框的"偏移：屏障"Y轴上输入600，则窗户上缘向上移动600 mm。由于房间边棚高2700 mm，设置的两条横线正好均分层高，窗台高度为900 mm，不用移动。

（2）挤出窗口

单击"选择"卷展栏中的"多边形"按钮，选择窗户中间围合出来的面，选中后，该面变成红色。然后选择"编辑多边形"卷展栏中的"挤出"右侧的设置按钮，在"高度"栏中输入−240，则窗口向外挤出240 mm，这也是住宅建筑外承重墙的厚度。如图3.1.23所示。

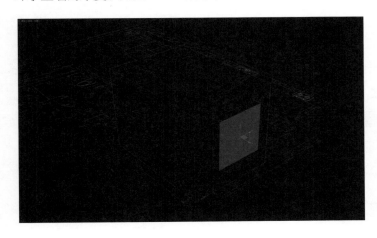

图 3.1.23 挤出窗口

注 意

我们在为墙体建模时，要认真严谨，所有的数据都要结合实际，需要根据墙体实际厚度进行推算，不能自己随意输入数值。如果对建筑结构的某一数据不了解，一定要查找国家规范标准数据，养成认真严谨的工作态度，这样在制图中能够保证数据的准确性。住宅建筑国家标准请参看"项目2-任务1"相关内容。

（3）制作窗体

单击"选择"卷展栏中的"边"按钮，选择挤出窗口的上、下两条边，在"编辑边"卷展栏中，单击"连接"右侧的设置按钮，在"分段"栏中输入2，出现两条竖线，把窗户分成三个部分，用于做三个窗框。

单击"选择"卷展栏中的"多边形"按钮，选择刚才分出的窗户三个部分中的一个，选择"编辑多边形"卷展栏中的"插入"右侧的设置按钮，在"数量"栏中输入50，将窗框的四周宽度设置为50 mm。

再选择刚才的窗框中间的面，选择"编辑多边形"卷展栏中的"挤出"右侧的设置按钮，在"高度"栏中输入−50，制作出窗框的厚度为50 mm。其他的两个窗框重复第一个窗框的制作步骤。如图3.1.24所示。

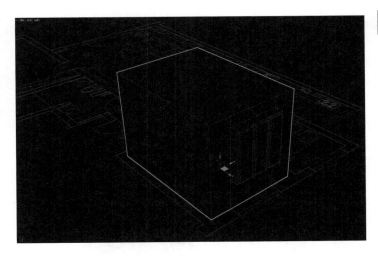

图 3.1.24 制作窗体

扫码看视频

卧室棚造型制作

注 意

如果需要制作玻璃的反射效果，可以保留窗体挤出后的三个面，用于将来材质贴图；如果不需要玻璃效果，可以删除这三个面，直接透出窗户，后面可以在窗外制作风景贴图。

2. 创建门口

门口的创建流程与窗户类似，但要简单得多。创建门口只需要确定门上缘的位置，再向外挤出即可。单击"选择"卷展栏中的"边"按钮，选择门位置的两条竖线，在"编辑边"卷展栏中，单击"连接"右侧的设置按钮，在"分段"栏中输入1，出现一条横线，再把这条横线向上移动650 mm，门口高度为2000 mm。

单击"选择"卷展栏中的"多边形"按钮，选择门中间围合出来的面，然后选择"编辑多边形"卷展栏中的"挤出"右侧的设置按钮，在"高度"栏中输入−240，向外挤出门口，然后把门挤出后的面删除。如图3.1.25所示。

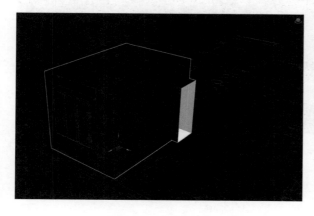

图 3.1.25 创建门口

六、创建次卧室天棚吊顶

整个次卧室的天棚吊顶，需要分成两个部分：一是靠窗的部分要留出窗帘盒的位置；二是吊顶的部分需要做出四周的边棚和灯槽。

吊顶的创建流程是：第一步，在天棚上划分出窗帘盒和四周边棚的轮廓线；第二步，向上挤出窗帘盒和吊顶中间的部分；第三步，做出灯槽。

1. 划分轮廓线

单击"选择"卷展栏中的"边"按钮，选择门和门对面墙体上方的棚线，在"编辑边"卷展栏中，单击"连接"右侧的设置按钮，在"分段"栏中输入3。其中靠窗的一条线是窗帘盒，另外两条线是边棚的轮廓线。窗帘盒的线距窗户留出200 mm，边棚的宽度留出400 mm。然后再选择刚才做出的两条边棚线，再次连接，"分段"栏设置参数为2，做出另外两条边棚线。

注 意

门的位置有一条竖线连到天棚，会影响天棚这三条线的均分，需要将它移除。先单击"选择"卷展栏中的"边"按钮，选择门上方的线，单击"移除"，或单击鼠标右键，选择"删除"，不要用键盘上的Delete键删除。然后再单击"顶点"按钮，选择移除的线与天棚线相交的顶点，再次移除。这样天棚线就是一条完整的线。

2. 挤出窗帘盒和吊顶

这一步，需要把窗帘盒和吊顶中间部分分别向上挤出。

首先单击"选择"卷展栏中的"多边形"按钮，选择窗帘盒中间的面，单击"编辑多边形"卷展栏中的"挤出"右侧的设置按钮，在"高度"栏中输入−200，向上挤出窗帘盒的高度。这样在后期布置窗帘时，窗帘悬挂的部分才能深入天棚上方。

再次单击"选择"卷展栏中的"多边形"按钮，选择吊顶中间的面，单击"编辑多边形"卷展栏中的"挤出"右侧的设置按钮，在"高度"

栏中输入 −80，向上挤出吊顶灯槽的挡板高度。灯槽挡板主要是用于挡住灯槽内的灯光，让灯光向上发散，不会直接照射人的眼睛，出现炫光。

3. 做出暗藏灯槽

再次单击"选择"卷展栏中的"多边形"按钮，选择吊顶中间的面，单击"编辑多边形"卷展栏中的"倒角"右侧的设置按钮，在"高度"栏中输入 −200，在"角度"栏中输入 200，做出一个带有倾角的造型。然后将中间的面下移，使其与灯槽挡板平齐。做倒角的目的，是能够向外拓展出灯槽后边的位置，后期布置灯光时，能够预留 VRay 灯光布置的空间。

单击"选择"卷展栏中的"多边形"按钮，选择吊顶中间的面，单击"编辑多边形"卷展栏中的"挤出"右侧的设置按钮，在"高度"栏中输入 −200，向上挤出吊顶最上方的面。这是为灯槽上方留出用于灯光扩散的空间，也便于灯槽内灯具的维护和检修。这样，在后期布置灯光时，可以在灯槽中放置 VRay 灯光，形成光带的效果。如图 3.1.26 所示。

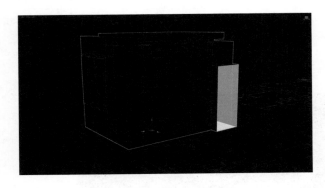

图 3.1.26 创建天棚吊顶

> **注意**
>
> 做灯槽的时候，"倒角"这一步一定要在边棚挡板挤出以后再做，挡板做完后，才能做出灯槽的位置；另外，倒角

后，吊顶上方的平面，必须和挡板的上方平齐，这样在挤出灯槽上方空间的时候，灯槽的位置才是水平的。在后期布置的 VRay 灯光，是水平放置在灯槽的表面的，灯光向上打出。如果灯槽有倾斜，会挡住部分 VRay 灯光，影响灯光的照射效果。因此在做这一步时，需要认真细致，宁可慢一点也要把它做好，不能急于求成。

七、创建床头背景墙造型框架

扫码看视频

床头背景墙
造型制作

在卧室中，床头背景墙不仅是一个视觉中心、一个重要的装饰，而且能够呼应床的位置，和床共同构成睡眠区域。

床头背景墙的创建，主要分两个部分：一个是背景墙的造型框架部分，另一个是软包部分。我们先创建出床头背景墙的造型框架。床头背景墙的造型框架形似一个倒 U 形，运用多边形建模的方式创建出来。基本的流程是：首先在墙面连接出四根竖线和一根横线，再向外挤出，构成外侧造型框架；在墙面外侧造型框架内部，再连接出两根竖线和一根横线，向外挤出，构成内侧造型框架。

1. 创建床头背景墙外侧造型框架

在创建之前，我们需要先观察一下这个次卧室的基本模型。由于做完天棚吊顶后，墙体和天棚衔接的线被分成了四个部分，因此在连接竖线的时候，无法一次完成；另外，导入的住宅平面图中，次卧室的床头部分有背景墙造型的轮廓线，需要与墙面上创建的背景墙造型对应。

首先，在"可编辑多边形"卷展栏中选择"边"，然后选取床头一侧的墙体上方中间的横线和下方的横线，单击"编辑边"卷展栏中的"连接"右侧的设置按钮，在"分段"栏中输入 2，连接出两根竖线，从室内的角度看，这是背景墙造型右边的框架线。

接下来，再在"可编辑多边形"卷展栏中选择"边"，选取床头一侧墙体上方窗帘盒和吊顶中间的那根横线，再选取墙体下方的横线，单击"编辑边"卷展栏中的"连接"右侧的设置按钮，在"分段"栏中输入2，连接出两根竖线，这是背景墙造型左边的框架线。

由于墙体上下的横线长度不一致，所以连接出来的竖线都是倾斜的。右键单击工具栏上的 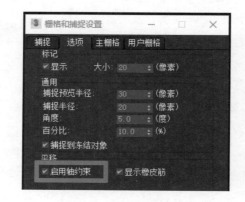 "角度捕捉切换"按钮，在出现的"栅格和捕捉设置"对话框中，选择"选项"选项卡，在"平移"下勾选"启用轴约束"复选框。如图3.1.27所示。

图 3.1.27 启用轴约束

单击 2.5 "捕捉开关"，选择2.5模式，在"可编辑多边形"卷展栏中选择"顶点"，选择 竖线的一个顶点，单击 X 轴，用捕捉对齐竖线的另一个顶点，将倾斜的竖线调整成垂直线。再按照次卧平面图中

背景墙的位置，调整外框架的位置。将外框架中外侧的竖线与次卧平面图中背景墙的位置对齐，内侧竖线与外侧竖线间距是100 mm，与次卧平面图中床的边缘对齐。

在"可编辑多边形"卷展栏中选择"边"，选取背景墙外框架内侧的两根竖线，单击"编辑边"卷展栏中的"连接"右侧的设置按钮，在"分段"栏中输入1，创建一根横线，然后向上移动1150 mm，做出外框架内侧的横线。

在"可编辑多边形"卷展栏中选择"多边形"，选取刚才创建的背景墙造型外框架，单击"编辑多边形"卷展栏中的"挤出"右侧的设置按钮，在"高度"栏中输入80，外框架向内凹80 mm。

2. 创建床头背景墙造型内侧框架

床头背景墙造型内侧框架的做法和外侧框架类似。但是在创建框线时，选取的是外侧框架靠墙的内侧边。先选择上、下两条内侧边，单击"编辑边"卷展栏中的"连接"右侧的设置按钮，在"分段"栏中输入2，创建两根竖线；移动两根竖线，分别向两边移动，距两边的外侧框架内侧边80 mm；再选择刚才创建的两根竖线，单击"编辑边"卷展栏中的"连接"右侧的设置按钮，在"分段"栏中输入1，创建一根横线，把它移动到上方，距上边外侧框架内侧边80 mm，内侧框架的基本形状就完成了。

在"可编辑多边形"卷展栏中选择"多边形"，选取刚才创建的背景墙造型内框架，选择"编辑多边形"卷展栏中的"挤出"右侧的设置按钮，在"高度"栏中输入50，内框架向内凹50 mm。如图3.1.28所示。

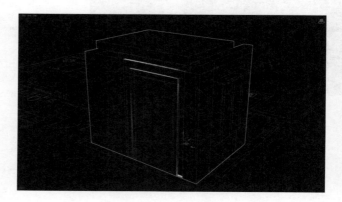

图 3.1.28 创建床头背景墙造型框架

《论语》记载："凡事预则立，不预则废。"意思就是说，做任何事情，事先谋虑准备就会成功，否则就要失败。我们做效果图也是一样的。在建模过程中，要有计划，首先要确定制作思路，明确制作的方法和流程，然后再按照计划去实施。在创建床头背景墙框架的边线时，先仔细观察一下墙体靠近天棚和地面的两条线：如果这两条线在创建天棚或地面造型时被分割过，就要考虑框架边线的位置。因为被分割过的线，在进行连接时，连接出来的线不是垂直的，而且不能随意移动，否则会导致墙面变形，所以要事先确定连接线的位置。

八、创建床头背景墙软包

扫码看视频

背景墙软包制作

床头背景墙造型完成后，需要用多边形建模的方式，根据框架的规格创建软包模型。用多边形建模工具来创建软包，基本的原理是，在平面上划分出软包的分块，然后用多边形工具中的切角来划分软包的立体层次，再用平滑工具柔化软包模型，让它更接近于真实的软包效果。

1. 创建软包平面分段

首先，我们打开上一次做的卧室模型，接着背景墙的框架模型，来做软包。

在右侧几何体面板中，选择"平面"工具，打开捕捉模式，捕捉框架内侧的四个角点，画出平面。平面工具比较特殊，它没有厚度，只有长和宽的尺寸，就是一个薄片，适合用来做多边形建模。根据画出的平面外形，设置好长度和宽度的分段，在这里，"长度分段"为6，"宽度分段"为4。尽可能分成正方形的块，这是软包的雏形。

2. 使用"快速切片"工具创建软包交叉网格线

将画好的平面转换成可编辑多边形。单击 2.5 "捕捉开关"，选择 2.5 模式；在修改面板中，在"可编辑多边形"卷展栏中选择"顶点"，单击"快速切片"，然后借助捕捉单击角点，连接对角点，这样一直下去，画出如图 3.1.29 所示的网格线，右键单击，结束快速切片的操作。

保持在"可编辑多边形"卷展栏的"顶点"层，按 Ctrl+A 快捷键，选择所有顶点，焊接一下。焊接的目的，是让平面中所有的点和网格线连接到一起，便于下一步的操作。

3. 移除软包横、竖线

接上面的步骤，在"可编辑多边形"卷展栏中选择"边"，会出现红色的线，然后再按 Ctrl+I 快捷键反选一下，又会出现红色的线，再单击"移除"按钮，就只剩下最外面的线框。这一步是为了创建软包的斜向交叉缝线。

4. 创建软包交叉处凹点

按 Ctrl+I 快捷键反选一次，将留下的交叉斜线变成红色，然后在"可编辑多边形"卷展栏中选择"点"，红色的交叉斜线变成红色的点，单击"挤出"右侧的设置按钮，将挤出高度和基面宽度分别设置为 −80 和 20。这一步是为了创建出软包缝线交叉点的凹陷部分。

5. 创建软包缝线处凹线

在"可编辑多边形"卷展栏中选择"边"，单击"挤出"右侧的设置按钮，将挤出高度和基面宽度分别设置为 15 和 5。接着再单击"切角"右侧的设置钮按，将边切角量设置为 10。这一步的目的，是创建软包斜向交叉缝线的宽度，并向内侧凹陷，形成软包海绵部分向外膨胀、缝线向内凹陷的效果。

6. 使用"涡轮平滑"工具平滑软包

最后在修改面板中回到可编辑多边形的最高层级，从修改器列表中添加"涡轮平滑"命令，并将其"迭代次数"改为3。

我们可以看到，刚才软包的棱角都变得平滑了。软包在前期多边形建模时，做出的模型有很多棱角，需要用"涡轮平滑"工具将模型变得圆滑，体现出软包的柔软和光滑的质感。如图 3.1.29 所示。

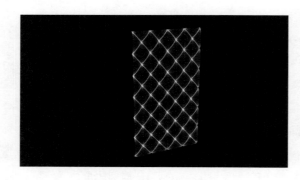

图 3.1.29 创建床头背景墙软包

注意

用多边形建模的方式创建软包，基本上是按照创建平面→平面分段→平面转成可编辑多边形→快速切片→点焊接→删除横竖交叉网格→交叉点挤出→边挤出→边切角→涡轮平滑这样的顺序进行的。我们在建模前，要认真做好计划，厘清建模的思路，理解每一个步骤的目的和意义；在建模时，需要注意建模的顺序，认真按照步骤去做，每一步都是和后面的步骤相关联的。由于可编辑多边形建模时有些步骤是不可逆的，因此，有某一个步骤做错时，就要及时撤销重做，否则整个模型就要推倒重来了。

九、创建石膏棚角线

石膏棚角线的创建，需要用到"倒角剖面"工具。我们首先要了解一下倒角剖面工具的建模原理。倒角剖面是让剖面图案沿着

扫码看视频

倒角剖面制作石膏线

指定的路径延伸，从而建立起一个三维模型。换句话说，我们需要用二维线制作一个路径，再制作一个三维物体的截面，然后，用这个截面沿着路径走过，就形成一个三维的物体，这个三维物体的外轮廓，就是截面的轮廓。这里面的难点就在于，怎样把两个二维物体，通过倒角剖面，转化成三维物体。

"倒角剖面"工具创建石膏棚角线的基本流程是：首先用线沿次卧墙体轮廓制作一个路径，这个路径和石膏棚角线的轮廓一致；其次创建一个石膏棚角线的截面；最后用"倒角剖面"工具拾取剖面，选择石膏棚角线的截面，创建出石膏棚角线的三维模型。

1. 创建石膏棚角线路径

一般来说，石膏线是沿着室内的墙体铺设的。所以我们做这个路径也是沿着墙体来绘制的。

捕捉墙体的节点，沿着墙体画出轮廓线。这个轮廓线是个二维线，我们用它来做石膏线模型的路径。轮廓线画完后，将它孤立出来，便于后面操作时选取。在装饰工程施工中，安装石膏棚角线，要沿着墙角、窗帘盒、背景墙的轮廓线进行，创建石膏线路径时，也采用一样的方法。

2. 创建石膏棚角线截面

我们在这里做一个最简单的石膏棚角线截面。在创建面板中，单击"图形"按钮，选择"矩形"工具。在"参数"卷展栏中，将"长度"设置为 100，"宽度"设置为 50。然后转到修改面板中，在"编辑样条线"卷展栏中选择"顶点"，再选取矩形的左下角，用"选择并移动工具"向右上角方向移动，移动到合适的位置。这样，我们一个石膏棚角线截面的轮廓线就完成了。

3. 用"倒角剖面"工具创建石膏棚角线

选取第一步画的石膏棚角线路径，在修改面板中选择"倒角剖面"，在"参数"卷展栏的"倒角剖面"中选择"经典"，

在下方"经典"卷展栏的"倒角剖面"中单击"拾取剖面"按钮，选择第二步画的石膏棚角线的截面轮廓线。这时候，石膏棚角线的三维模型就完成了。

然后将创建完成的石膏棚角线移动到次卧室内，单击 ![25] "捕捉开关"，用 2.5 捕捉模式移动石膏棚角线，使其与棚角对齐，如图 3.1.30 所示。

图 3.1.30 创建石膏棚角线

注 意

用倒角剖面创建石膏棚角线的整个过程并不复杂，但是有几点是需要注意的。

（1）石膏棚角线的路径二维线创建完成后，要把它移动到界面的空白处，以免和原有的墙体轮廓线重叠，影响下一步的操作。

（2）使用倒角剖面工具时，要先选取路径，再去单击"拾取剖面"按钮，点选截面，这个顺序不能乱。如果先选取石

膏棚角线截面，那么做出来的就是沿着石膏棚角线截面形成的物体。因此，在建模的时候，要严格按照步骤去操作，精益求精，把工作做细，这样才能提高工作效率。

十、创建踢脚线

扫码看视频

踢脚线制作

我们在客卧室空间中制作一个木质踢脚线。踢脚线和棚角线的制作方法差不多，也可以用倒角剖面工具来制作。但是，踢脚线是在靠近地面的墙角，在门口处需要断开，不像棚角线可以连在一起。因此，在制作路径的时候，需要从门口开始沿墙一周，再回到门口的另一端。如果室内有两个以上的门口，就需要从门口处制作多个路径。

1. 创建踢脚线路径

由于我们之前已经做过石膏棚角线了，在做踢脚线时，需要把客卧室的墙体和床头背景墙模型孤立出来，这样能够更清晰地看到墙脚的位置。

单击 ![25] "捕捉开关"，在右侧创建面板中，单击 ![图形] "图形"按钮，选择"线"，从客卧室的门口开始，先单击墙角和床头背景墙的转折处，再回到门口的另一侧，画出踢脚线的路径。

2. 创建踢脚线截面

第二步要做出踢脚线的截面。我们在这里做一个比较简单的踢脚线截面。在右侧创建面板中，单击 ![图形] "图形"按钮，选择"矩形"工具。因为踢脚线的截面是竖立在地面上的，因此要在前视图上创建踢脚线。在前视图上，画一个矩形，在参数面板中将长度数值设为 110 mm，宽度数值设为 20 mm。做一个长方形，这是踢脚线截面的基础。

接下来，我们需要在踢脚线截面上半部分做两个凹槽。

在修改面板中，选取"编辑样条线"，在下面"选择"栏目中选取 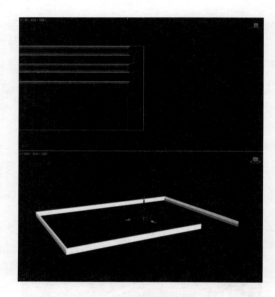"顶点"。由于矩形在创建的默认状态下，四个角带有"Bezier 角点"，对下一步创建直角角点有影响，需要把它们改成"角点"。

为了制作踢脚线的表面的凹槽，需要在踢脚线的外侧增加节点进行编辑。选择"编辑样条线"中的 "分段"，选取需要增加节点的线段，在右侧"几何体"栏中，把"拆分"右侧的数据改成"8"。然后单击"拆分"按钮，被选中的线段就出现了 8 个节点。

在下面"选择"栏目中选取 "顶点"。由于创建的 8 个节点是"Bezier 角点"，需要把它们改成"角点"。然后移动这些节点，大致能够形成两个凹槽的形状。

移动节点后，不太整齐，线条也不直，我们需要调整点和线的位置。在 "角度捕捉切换"上，单击右键，打开"栅格和捕捉设置"对话框，在下方"平移"栏目中，勾选"启用轴约束"。轴约束顾名思义就是约束 X、Y、Z 轴的，使物体的操作只限定于在 X、Y、Z 轴上向上活动。

单击 "捕捉开关"，使用"顶点"模式。选择需要调整的点，如果是左右移动，就点取 X 轴，按住之后，将捕捉光标对准需要对齐的点，这样在 X 轴方向上，两个点就对齐了；再对齐上下的位置，点取 Y 轴，按住之后，将捕捉光标对准需要对齐的点。当所有的点都对齐后，取消捕捉模式，调整这两个凹槽的大小，尽量让这两个凹槽大小一致。

选取踢脚线左侧的节点，在右侧修改面板中选择"圆角"，在右侧的数值中输入 3，这时，可以看到选中的节点都变成了圆角。至此，踢脚线的截面就做完了。

接下来，需要用倒角剖面工具来创建踢脚线的三维模型。首先，选取第一步画的路径，在修改面板中选择"倒角剖面"，在"参数"卷展栏中单击"拾取剖面"按钮，选择第二步画

的踢脚线轮廓线。这时候，踢脚线的三维模型就完成了，如图 3.1.31 所示。

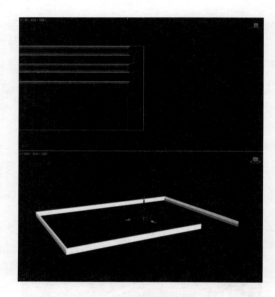

图 3.1.31 创建踢脚线

注 意

用倒角剖面工具创建的三维模型，创建完成后要仔细检查一下模型的外观，特别是有些模型里外表面不一样。例如：上面创建的踢脚线，朝向室内的面有两个凹槽，朝向室外的面则没有，创建完成后检查一下凹槽是在什么方向。有的时候用倒角剖面工具创建的踢脚线，凹槽是在外侧的，此时，就要单击修改面板中的"倒角剖面"按钮，激活倒角剖面的修改模式，用 "旋转"工具把踢脚线的截面旋转一下，让凹槽朝向室内。

因此，我们在创建模型的时候，不能只凭经验，还要认真把每个步骤做好，认真检查自己做的每个模型细节，这样才能做好效果图。

十一、创建门口线

门口线是包在门套上的装饰性线条，还可以用来保护门口的墙角，避免受到磕碰。不一定是有门才有门口线，有的门洞不设门，也用门口线来包裹以突出门口。常用的门口线宽度为 8~10 cm，具体根据门的规格来选用。通常门的尺寸越大，门口线就越宽，和门的整体比例相协调。门口线一般是木质的，有些现代风格的门口线，也可以用不锈钢、玻璃等材质来制作。

扫码看视频

门口线制作

门口线也可以用"倒角剖面"工具来制作。这个门口线的制作和之前做过的石膏线和踢脚线不同。门口线的截面是折角形的，像数字 7。我们在做门口线的截面时，既要考虑它平面的形状，又要考虑它立体的形状。平面的部分，要把正面的门口线和侧面的门套部分都做出来；立体的部分，要考虑到将二维线变成三维模型后的样子。同时，又要兼顾门口线和门的比例关系。

1. 创建门口线截面

打开上次做的卧室模型，在顶视图上找到门的位置，按照门口墙体的厚度，用"线"工具画出门口线的截面二维线。这个门口线的截面是一个封闭的二维线，门口的正面和侧面都要画到，等于是把门口包在里面。

在顶视图中，以门的位置作为参照物。门口线正面的宽度设置为 80 mm，为了让门口线的截面画得更精确一些，可以在门口处用矩形做一个参照物，矩形的尺寸为 80 mm×20 mm，这样，我们在画门口线的正面部分时，就按这个矩形的尺寸来画。然后激活 "捕捉开关"，把这个矩形移动到门口的位置。门口线截面画完后，供参照的矩形可以删除。

在右侧创建面板中，单击"图形"按钮，选择"线"工具。在上方工具栏中激活 "捕捉开关"。然后在"捕捉开关"按钮上单击鼠标右键，弹出"栅格和捕捉设置"对话框，在里面选取"顶点"。前期的设置做完以后，我们就可以绘制门口线的截面了。

首先从门口的侧面开始做起点，捕捉到门口侧面最里侧的节点，从里往外画，捕捉每个转折的地方，出来后，参照刚才画的矩形，画门口线的宽度。然后，线不要断，回过来，画出门口线正面大概的形状，再折回门口的侧面，封闭样条线。以上是门口线截面的初步轮廓，接下来还要调整门口线正面的形状，让它变成我们想要的形状。

在"角度捕捉开关"上单击鼠标右键，打开"栅格和捕捉设置"对话框，在下方"平移"卷展栏中，勾选"启用轴约束"复选框。

激活捕捉设置，使用"顶点"模式。选择需要调整的点，如果是左、右移动，就点取 X 轴，按住之后，将捕捉光标对准需要对齐的点，这样在 X 轴方向上，两个点就对齐了；再对齐上、下的位置，点取 Y 轴，按住之后，将捕捉光标对准需要对齐的点。当所有的点都对齐后，取消捕捉模式。

选取门口线外侧的节点，在右侧修改面板中选择"圆角"，在右侧的数值栏中输入 3，这时，可以看到选中的节点都变成了圆角。至此，门口线的截面就做完了。门口线完成后，为避免与原有墙体重叠，需要把路径移动到视图中的空白处。

2. 创建门口线路径

接下来，我们需要画一个门口线的路径。在前视图上，找到门的立面位置，沿着立面的门口，画一个倒 U 形的路径。由于左侧的门口与左侧的墙体平齐，左侧的路径的节点需要向右移动一段距离。路径画完后，为避免与原有墙体重叠，需要把路径移动到视图中的空白处。

3. 用"倒角剖面"工具创建门口线

接下来，需要用"倒角剖面"工具来创建门口线的三维模型。首先，选取刚才画的门口线路径，在修改面板中选择"倒角剖面"，在"参数"卷展栏中单击"拾取剖面"按钮，选择第一步画的门口线轮廓线。这时候，门口线的三维模型就完成了。模型完成后，如果门口线和原来的门洞位置有偏差，可以在右侧修改面板的修改器列表上单击"倒角剖面"，然后就可以调整模型的尺寸了，如图 3.1.32 所示。

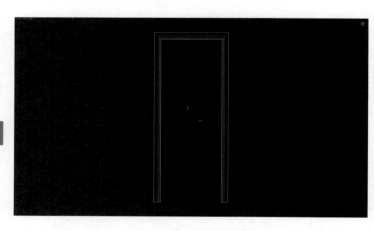

图 3.1.32 创建门口线

注 意

我们在创建门口线的时候，需要注意，要在顶视图上做门口线截面，要在前视图上做门口线的路径。两个视图要注意切换。这样，用"倒角剖面"工具创建的门口线才能比较准确。

门口线往门口移动时，要注意压住踢脚线，也就是门口线的厚度要大于踢脚线的厚度。在实际的装饰工程施工中也是如此。

制作门口线的截面是最复杂的部分。因为门口线的细节比较多，需要仔细画出每个转折的地方。画这部分时要有耐心，不能随意去画，细节的把握非常重要，会影响到门口线的外观效果。效果图的制作其实很看重细节，细节部分做得好，会提升效果图整体的效果，因此，设计者在制作过程中，要严格按照步骤去操作，严谨细致，精益求精，认真去调整每个细节，这样才能把模型做好。

十二、创建窗口和窗台

扫码看视频

窗口和窗台制作

在室内设计中，窗口和窗台部分，虽然不占据主要的位置，但也属于室内的重要组成部分，特别是在一些古典风格的室内设计中，窗口和窗台的设计是重要的装饰手段。

窗口主要是用来保护窗户侧边的墙角，避免磕碰，并通过线脚进行装饰；窗台是托着窗框的平面部分。在室内设计中，我们所做的部分是指窗台板。

窗口和窗台需要分成两部分来做。首先是窗口，其模型的创建和做门口线的方法基本相同。常用的窗口宽度为 8～10 cm，根据窗户的大小来选用，和窗户的整体比例相协调。窗口一般是木材材质，和门口线的材质保持一致。

1. 窗口的创建

窗口也可以用"倒角剖面"工具来制作。我们在做窗口的截面时，既要考虑它平面的形状，又要考虑它立体的形状。平面的部分，要把正面的窗口和侧面的部分都做出来；立体的部分，要考虑到将二维线变成三维模型后的样子。

创建的时候，需要注意，窗口截面要在顶视图上做，窗口的路径要在前视图上做。两个视图要注意切换。这样，用"倒角剖面"工具创建的窗口才能比较准确。

打开上次做的卧室模型，在顶视图上找到窗户的位置，按照窗口墙体的厚度，用"线"工具画出窗口的截面二维线。这个窗口的截面是一个封闭的二维线，窗口的正面和侧面都要画到，等于是把窗口包在里面。

选取墙体，单击鼠标右键，在弹出的快捷菜单中选取"孤立当前选择"，将墙体孤立出来，便于后面的操作。找到需要做窗口的位置，把它作为制作窗口的参照。

（1）创建窗口截面

先做一个窗口截面。在顶视图上，以窗户的位置作为参照物。窗口正面的宽度设置为 80 mm，为了让窗口的截面画得更精确一些，可以在窗口处用矩形做一个参照物，矩形的尺寸为 80 mm×20 mm，这样，我们在画窗口的正面部分时，就按这个矩形的尺寸来画。窗口线截面画完后，供参照的矩形可以删除。

在右侧创建面板中，单击"图形"按钮，选择"线"工具。激活 **2.5** "捕捉开关"。然后在"捕捉开关"按钮上单击鼠标右键，弹出"栅格和捕捉设置"对话框，在里面选取"顶点"。前期的设置做完以后，我们就可以绘制窗口的截面了。

首先从窗口的侧面开始做起点，捕捉到窗口侧面最里侧的节点，从里往外画，捕捉每个转折的地方，出来后，参照刚才画的矩形，画窗口线的宽度。然后，线不要断，回过来，画出窗口正面大概的形状，再折回窗口的侧面，封闭样条线。以上是窗口截面的初步轮廓，接下来还要调整窗口正面的形状，让它变成我们想要的形状。

在"角度捕捉开关"上单击鼠标右键，打开"栅格和捕捉设置"对话框，在下方"平移"卷展栏中，勾选"启用轴约束"复选框。

激活捕捉设置，使用"顶点"模式。选择需要调整的点，如果是左右移动，就点取 X 轴，按住之后，将捕捉光标对准需要对齐的点，这样在 X 轴方向上，两个点就对齐了；然后再对齐上下的位置，点取 Y 轴，按住之后，将捕捉光标对准需要对齐的点。当所有的点都对齐后，取消捕捉模式。

选取窗口线外侧的节点，在右侧修改面板中选择"圆角"，在右侧的数值栏中输入 3，这时，可以看到选中的节点都变成了圆角。至此，窗口的截面就做完了。

（2）创建窗口路径

接下来，我们需要画一个窗口的路径。在前视图上，找到窗口的立面位置，沿着立面的窗口，画一个倒 U 形的路径。

（3）用"倒角剖面"工具创建窗口

窗口线截面和路径创建完成后，将它们移动到视图的空白处，避免与其他模型重叠。接下来，需要用"倒角剖面"工具来创建窗口的三维模型。首先，选取刚才画的窗口路径，在修改面板中选择"倒角剖面"，在"参数"卷展栏中单击"拾取剖面"按钮，选择第一步画的窗口轮廓线。这时候窗口的三维模型就完成了。模型完成后，如果窗口和原来的窗户位置有偏差，可以在右侧修改面板上的修改器列表中单击"倒角剖面"，然后就可以调整模型的尺寸了，如图 3.1.33 所示。

图 3.1.33 创建窗口

2. 窗台板的创建

窗台板的制作比较简单。但是要注意，需要掌握好建模的角度。窗台板主要使用"挤出"工具来创建。

在前视图上，找到窗户的位置，这时候窗户是侧面的，根据窗台墙体的厚度，画出窗台板的截面。这个截面也是封闭的图形。在画窗台板的截面前，可以先用矩形做一个参照图形，矩形的尺寸为 350 mm × 50 mm。

单击创建面板中的"线"，在上方工具栏中激活 **2.5** "捕捉开关"，捕捉矩形参照图形，创建一个直角形的窗台板截面。再用轴约束的模式调整窗台板截面的各个节点，让截面变得平直。窗台板截面完成后，供参照的矩形可以删除。

选择窗台板截面左上角的节点，再选择修改面板中的"圆角"，在右侧的数值栏中输入 15，将窗台板的左上角变成圆角。

窗台板的截面做完后，选择修改面板中的"挤出"，在下方"参数"卷展栏的"数量"栏中输入 1700，挤出 1700 mm 的长度。窗台板挤出的长度，要大于窗口线的宽度。然后将窗台板移动到窗口线下方，盖住原有的窗台。选择窗台板，

单击上方工具栏中的 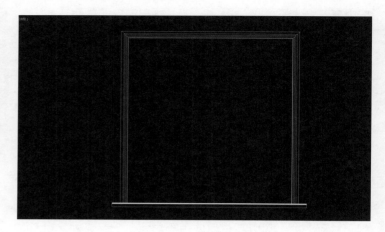 "对齐"工具，将窗台板与窗口线的中间对齐，如图 3.1.34 所示。

图 3.1.34 创建窗台板

> **注 意**
>
> 在使用"倒角剖面"工具创建窗口线时，有时候创建的形状并不是我们想要的，这时需要单击修改面板修改器列表中的"倒角剖面"，再用"旋转"工具在顶视图上旋转窗口线的界面角度，让窗口线的正面部分翻转过来。旋转时，要一边旋转一边观察角度，直到旋转完成。窗口线调整完后，要及时单击修改器列表中的"倒角剖面"，关闭"倒角剖面"的修改模式，否则会错误地移动或旋转窗口线截面，以及影响其他模型的创建。

3ds Max 数字创意表现 实训任务单

项目名称	项目 3　卧室场景制作	任务名称	任务 1　卧室场景建模
任务学时	12 学时		
班　级		组　别	
组　长		组　员	
任务目标	1. 能够用多边形建模的方式，创建次卧室场景的墙体； 2. 能够用多边形建模的方式，创建次卧室场景的门窗； 3. 能够用多边形建模的方式，创建次卧室场景的吊顶； 4. 小组成员具有团队意识，能够合作完成任务； 5. 能够对自己所做卧室场景建模的过程及效果进行陈述			
实训准备	预备知识：1.3ds Max 界面基本设置方法；2. 三维模型创建基本工具的使用方法；3. 工具栏中常规工具的使用方法。 工具设备：图形工作站电脑、A4 纸、中性笔。 课程资源："3ds Max 数字创意表现"在线课——智慧树网站链接： https://coursehome.zhihuishu.com/courseHome/1000062541#teachTeam			
实训要求	1. 熟悉多边形建模的基本知识； 2. 掌握多边形建模的基本流程和建模方法； 3. 根据提供的住宅平面布置图，完成次卧室场景建模； 4. 认真查看住宅平面布置图，小组集体讨论次卧室场景建模工作计划； 5. 旷课两次及以上者、盗用他人作品成果者单项任务实训成绩为零分，旷课一次者单项任务实训成绩为不合格			
实训形式	1. 以小组为单位进行次卧室模型创建的任务规划，每个小组成员均需要完成次卧室模型的建模实训任务； 2. 分组进行，每组 3~6 名成员			
成绩评定方法	1. 总分 100 分，其中工作态度 20 分，过程评价 30 分，完成效果 50 分； 2. 上述每项评分分别由小组自评、班级互评、教师评价和企业评价给出相应分数，汇总到一起计算平均分，形成本次任务的最终得分			

3ds Max 数字创意表现 实训评价单						
项目名称	项目3 卧室场景制作		任务名称	任务 1 卧室场景建模		
班　级			组　别			
组　长			组　员			
评价内容	评价标准		小组自评	班级互评	教师评价	企业评价
工作态度 (20分)	1. 出勤：上课出勤良好，没有无故缺勤现象。（5分）					
	2. 课前准备：教材、笔记、工具齐全。（5分）					
	3. 能够积极参与活动，认真完成每项任务。（10分）					
过程评价 (30分)	1. 能够制订完整、合理的工作计划。（6分）					
	2. 具有团队意识，能够积极参与小组讨论，能够服从安排完成分配的任务。（6分）					
	3. 能够按照规定的步骤完成实训任务。（6分）					
	4. 具有安全意识，课程结束后，能主动关闭并检查电脑及其他设备电源。（6分）					
	5. 具有良好的语言表达能力，能够有效进行团队沟通。（6分）					
完成效果 (50分)	1. 次卧室墙体建模（10分）	（1）系统单位设置准确。（2分）				
		（2）CAD 平面布置图导入准确。（3分）				
		（3）系统坐标有归零设置。（2分）				
		（4）次卧室墙体创建准确。（3分）				

3ds Max 数字创意表现 实训评价单						
完成效果 （50分）	2. 次卧室门窗建模（10分）	（1）窗口建模准确，无变形。（3分）				
		（2）窗体建模准确，无变形。（5分）				
		（3）门口线建模准确，无变形。（2分）				
	3. 次卧室吊顶建模（10分）	（1）窗帘盒和边棚的位置划分准确。（2分）				
		（2）边棚挡板挤出准确，无变形。（3分）				
		（3）灯槽位置建模准确，无变形。（3分）				
		（4）灯槽上方空间建模准确，无变形。（2分）				
	4. 次卧室配饰建模（10分）	（1）棚角线建模准确，无变形。（2分）				
		（2）踢脚线建模准确，无变形。（3分）				
		（3）床头背景墙边框建模准确。（2分）				
		（4）床头背景墙软包建模准确。（3分）				
	5. 次卧室家具设备导入（10分）	（1）导入的家具、设备尺寸比例准确。（5分）				
		（2）导入的家具、设备位置正确，与平面布置图对应。（5分）				
总得分（100分）						

任务2

摄影机设置

任务解析

卧室场景的摄影机设置，基本流程包括设置前检查、创建摄影机和摄影机设置三个部分，如图 3.2.1 所示。

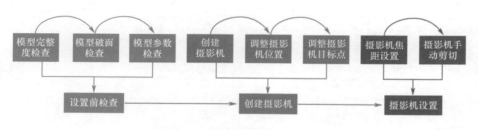

图 3.2.1 摄影机设置流程图

1. 摄影机设置前检查

在摄影机设置前，需要进行前期的模型检查。打开前期墙体模型、墙面造型模型、棚面造型模型，检查其是否完成。旋转透视视图进行模型检查，将视角从外至内进行观察，查看是否有墙体接缝、窗口接缝、棚面造型接缝、墙面造型接缝漏光的部分，为进一步的场景摄影机设置做好准备。在检查漏光的过程中，可以用辅助光源进行检查，以免出现单独查看模型而无法直观查看到漏光点的情况。

模型的参数检查也十分重要，尤其是单位参数，如果设置错误，会导致后期的灯光、摄影机等相应参数与参考数值不符。所以在模型制作之前就要务必完成场景单位的设置。这里的显示单位可以设置成公制的毫米，也可以设置成通用单位。

在模型的参数检查过程中，可以使用快捷键 F3，将视口切换成"线框"模式查看墙体的布线是否平顺，一旦出现模型布线不够平顺的情况，就会造成后期渲染的墙体贴图错误或破面，这与摄影机设置时出现的部分错误有相似之处。为了避免误认为摄影机设置错误，尽量在摄影机设置之前做模型布线检查。

2. 摄影机设置

根据打开的场景模型文件，使用右侧的创建面板，依次找到创建→摄影机→标准→目标,创建场景中需要的目标摄影机。除了目标摄影机以外，还可以创建其他摄影机，例如物理摄影机、自由摄影机。也可以通过 VRay 自带的 VRay 物理摄影机等方式创建摄影机。

单击鼠标左键后拖曳鼠标，将摄影机摆放在场景中，调整好摄影机的方位、角度、高度等参数，即可完成摄影机的摆放。

摆放完之后可以通过摄影机视图来观察摄影机是否已经摆放合适。目标摄影机的位置与角度需要通过摄影机和摄影机目标两个物体来完成调整，如图 3.2.2 所示。

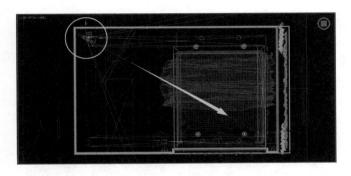

图 3.2.2 摄影机设置

将摆放完毕的摄影机选中，进入修改面板，将镜头／视野等参数进行修改，让摄影机的视野满足最终渲染角度构图的需求，为下一步模型的测试和调整提供便利的视口切换方式。

当摄影机的摆放位置不能够完全观察到室内全貌时，可以适当调整镜头／视野参数，将其降低，以观察到更宽广的视野。但参数不宜过小，否则会导致镜头失真，造成视口内容拉伸。也可以通过适当后移摄影机完成构图，以便摄影机能够收入全部需要的视角。一旦摄影机被某前景物品遮挡时，可以通过剪切平面参数进行调整，将摄影机的镜头取景范围置于房间之内。

3. 摄影机设置要求

（1）摄影机镜头在一般居住空间室内场景中，参数在 18~28 mm 为宜。视野参数与镜头参数相互关联。调整完镜头参数后，视野参数将自动变化。数值过小，则会导致透视扭曲；数值过大，则会导致无法将整个场景收入构图。

（2）在目标摄影机设置过程中，摄影机和目标应尽量保持同等高度，以便减少摄影机在构图的过程中出现居住空

间场景中棚面或地面造型表达不完整的情况。

（3）摄影机的剪切平面参数中，近距剪切参数不宜过大，否则会导致摄影机剪切平面切断室内场景的墙体、棚面和地面。高度尽量离地 1400 mm 左右，以便与人的视角有相近的构图。

（4）摄影机在特殊强调某个元素表达的过程中可以考虑使用大光圈和焦距等参数完成前后景虚化和对焦等需求。该设置需要对摄影技术有一定的了解。

（5）摄影机在创建的过程中，应尽量先在顶视图中使用线框模式完成，然后在前视图或左视图中将摄影机及其目标的位置提高。

知识链接

一、摄影机、照相机与 3ds Max 中的摄影机

1. 摄影机与照相机的概念

（1）摄影机的概念

摄影机，是一种使用光学原理来记录影像的装置。摄影机最初是用于电影及电视节目制作，但现已普及化。正如照相机一样，早期摄影机需要使用底片（录像带）来进行记录，但现在数码相机的发明，使影像能直接储存在快闪存储器内。新型的摄影机，则是将影像资料直接储存在机身的硬盘中，不仅可以动态录影，还可以静态拍摄。家庭式的摄影机机身轻，携带方便，好操作。

（2）照相机的概念

照相机是一种利用光学成像原理形成影像并使用底片记录影像的设备，是用于摄影的光学器械。在现代社会生活中，有很多可以记录影像的设备，它们都具备照相机的特征，比

如医学成像设备、天文观测设备等。

2. 照相机的重要结构

通常，照相机主要元件包括成像元件、暗室、成像介质与成像控制结构。成像元件可以进行成像，通常是由光学玻璃制成的透镜组，称为镜头。小孔、电磁线圈等在特定的设备上都起到"镜头"的作用。成像介质则负责捕捉和记录影像，包括底片、CCD、CMOS 等。暗室为镜头与成像介质提供一个连接并保护成像介质不受干扰。成像控制结构可以改变成像或记录影像的方式以影响最终的成像效果，例如光圈、快门、聚焦控制等。

快门和光圈是控制曝光的机构。为了适应亮暗不同的拍摄对象，以期在胶片上获得正确的感光量，必须控制曝光时间的长短和进入镜头光线的强弱。于是照相机必须设置快门以控制曝光时间的长短，并设置光圈通过光孔大小的调节来控制光量。

3. 3ds Max 中的摄影机

3ds Max 自带的摄影机包括 3 种类型，分别为目标摄影机、自由摄影机、物理摄影机。

（1）目标摄影机

目标摄影机是 3ds Max 中常用的摄影机类型之一，它包括摄影机和目标点两个部分，如图 3.2.3 所示。

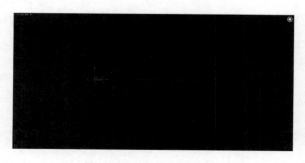

图 3.2.3 目标摄影机

（2）自由摄影机

自由摄影机与目标摄影机同属于 3ds Max 中的传统摄影机。自由摄影机和目标摄影机的区别在于自由摄影机缺少目标点，这与目标聚光灯和自由聚光灯的区别一样。因此，自由摄影机参数与目标摄影机相似，在这两种摄影机中建议使用目标摄影机，因为目标摄影机调节位置更方便一些，如图 3.2.4 所示。

图 3.2.4 自由摄影机

（3）物理摄影机

物理摄影机是一种比较新的摄影机类型，其功能更强大。它的原理与真实的摄影机有些类似，可以设置快门、曝光等效果。物理摄影机将场景框架与曝光控制以及对真实世界摄影机进行建模的其他效果相集成，如图 3.2.5 所示。

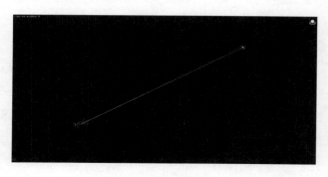

图 3.2.5 物理摄影机

（4）VRay 中的相机类别

VRay 相机是在安装 VRay 渲染器之后才会出现的相机类型。VRay 相机比标准相机的功能更强大。VRay 相机包括 VRay 物理相机和 VRay 穹顶相机两种类型，其中 VRay 物理相机被隐藏起来。VRay 物理相机的功能与现实中的相机功能相似，都有光圈、快门、曝光、ISO 等调节功能，用户通过 VRay 物理相机能制作出更真实的效果图。VRay 穹顶相机可以控制翻转、镜头的最大视角，但该摄影机不是很常用。

二、3ds Max 原生摄影机参数

1. 焦距与视野

3ds Max 中的相机会模拟真实世界摄影机测量视野，主要使用两个重要的参数：焦距、视野（FOV）。

（1）焦距

镜头和灯光敏感性曲面间的距离，都被称为镜头的焦距。焦距影响对象出现在图片上的清晰度。焦距越小，图片中包含的场景就越多。加大焦距将包含更少的场景，但会显示远距离对象的更多细节。

焦距始终以毫米为单位进行测量。50 mm 镜头通常是摄影机的标准镜头。焦距小于 50 mm 的镜头称为短或广角镜头。焦距大于 50 mm 的镜头称为长或长焦镜头。

（2）视野（FOV）

视野（FOV）控制可见场景的数量。FOV 以水平线度数进行测量。它与镜头的焦距直接相关。例如：50 mm 的镜头显示水平线为 46°。镜头越长，FOV 越窄；镜头越短，FOV 越宽。

（3）FOV 和透视的关系

短焦距（宽 FOV）强调透视扭曲，使对象朝向观察者，看起来更深、更模糊。长焦距（窄 FOV）减少了透视扭曲，使对象压平或与观察者平行。

2. 光圈与快门速度

通常，需要调整快门速度和光圈值，以确保最佳的光量进入摄影机。在晴天的室外设置摄影机时，将结合更快的快门速度和小光圈，以补偿明亮的环境。但如果天气为多云，则可能需要降低快门速度，以便有更多光量进入镜头。否则，照片会曝光不足并显示为过暗。如果环境中包含快速移动的对象，则可选择使用更快的快门速度以防止出现模糊。要补偿更快的快门速度，还需要打开光圈以便让更多光量进入。

如何在快门速度和光圈之间取得有效平衡。在某一情况下正常工作的设置在另一种情况下并不一定适合。

在 3ds Max 中制作场景时，需要实验各种曝光设置，以获得合适的照明条件。其中一些设置取决于快门速度和光圈；特别是物理摄影机对物理曝光控制所进行的建模。（曝光类型为 1/ 秒不是物理摄影机的默认选择，而是最常用的旧式静止图像胶片摄影机类型）

在"镜头"中，可以设置"光圈"参数，默认值是 8.0，需要具备一定的摄影知识才能进行调整。"快门"中可以设置快门的速度，"类型"可以修改成"秒"或"1/ 秒"，下方的持续时间就很容易模拟真实相机的参数了。快门速度大于 1 秒的时候选择以"秒"为单位；小于 1 秒时，选择以"1/ 秒"为单位。

3. ISO 感光度

现实情况下，如果光线充足，ISO 放在 100 就可以了，最多 200。这样可以保证照片的纯净度。而 3ds Max 和 VRay 中，不用考虑手抖等问题，所以尽量把 ISO 调到 100 以下，以保证出图的纯净度。个别情况下灯光不够亮时可以适当提高 ISO 以作为弥补光线不足的辅助手段。

4. 剪切平面

剪切平面是相机中的重要功能，可以快速排除遮挡的物

体。当勾选"手动剪切"后可以调整"近端剪切"和"远端剪切"以选择摄影机镜头和构图中需要收入的模型。

三、VRay 摄影机参数

1. VRay 物理相机

这里介绍 VRay 物理相机中常用的参数。

（1）目标（targeted）：勾选此选项，相机的目标点将放在焦平面上，不勾选时，可以通过目标距离（Targeted Distance）来控制相机的目标点位置。

（2）相机类型：VRay 物理相机内置了 3 种类型的相机，用户可以根据场景需要选择相应的相机类型：

① 照相机（Still Cam）：个别版本称为静态相机，模拟常规快门的静态画面照相机。

② 电影相机（Movie Cam）：也称为电影相机，模拟圆形快门的电影相机。

③ DV 相机（Video Cam）：视频相机，模拟带 CCD 感光元件矩阵的快门相机。

（3）胶片规格（毫米）（Film Gate）：控制相机所看到的景色范围，值越大则看到的景色越多，视野越广。

（4）焦距（Focal Length）：也称为焦长，控制相机的焦长。

（5）缩放因子（Zoom Factor）：视图缩放，控制相机视图的缩放。值越大，则相机视图拉得越近。

（6）感光度（ISO）：控制 VRay 物理相机的模拟"感光元件"的感光系数，ISO 越高，在同等时间和快门参数下的成图越亮。一般白天效果适合用较小的 ISO，而晚上效果适合用较大的 ISO。

（7）光圈数（F-Number）：调整相机光圈的大小，控制渲染图的最终亮度，值越小则图越亮，值越大则图越暗。同时，光圈大小还影响着景深，大光圈则景深小，小光圈则景深大。在普通的效果图中，尽量不要使用大光圈小景深，

会造成效果图内设计元素表达不清晰、不完整。在特定艺术表现需求下，可以考虑使用大光圈小景深，能让画面呈现极好的层次感，虚化的背景与前景让画面更有美感，强调对焦事物主体。

（8）快门速度（s^-1）（Shutter Speed）：快门速度，控制光的进光时间，单位为 s^-1，n 分之 1 秒（n 为输入快门的数值），值越小，进光时间越长，图就会越亮。反之，值越大，进光时间越短，图就越暗。

（9）快门角度（Shutter Angle）：当相机类型选择电影相机时，此参数被激活。作用和上述快门速度一样，可以控制图的亮暗。角度值越大，则图越亮。

（10）快门偏移（Shutter Offset）：当相机类型选择电影相机时，此参数被激活。主要控制快门角度的偏移。

（11）白平衡（White Balance）：与真实相机的功能一样，控制图的色偏。可以通过自定义平衡来调整白色的标准。

（12）光晕：模拟真实相机里的虚光效果。

（13）叶片数（Blades）：控制散景产生的小圆圈的边数，默认值为 5，如果不勾选该参数，那么散景是圆形。

（14）旋转（度）（Rotation）：散景小圆圈的旋转角度。

（15）中心偏移（Center Bias）：散景偏移出原物体的距离。

（16）景深（Depth-of-field）：控制是否产生景深。如果想要得到景深，就需要把它打开。

（17）运动模糊（Motion Blur）：控制是否产生运动模糊效果。一般要配合动画帧来使用，会在静态帧中产生移动方向的模糊。

2.VRay 穹顶相机

VRay 穹顶相机参数比较少，主要是用来渲染半球圆顶效果图，模拟高空摄影所看到的效果。这里简单介绍一下其参数，如图 3.2.6 所示。

图 3.2.6　VRay 穹顶相机参数

翻转 X（Flip x）：渲染的图像在 X 轴上反转。

翻转 Y（Flip y）：渲染的图像在 Y 轴上反转。

视野（Fov）：设置视角的大小。

任务实施

扫码看视频

摄影机设置

要求：根据企业设计项目的任务要求，使用 3ds Max 摄影机或其他摄影机，完成某家装室内设计项目最终效果图构图和视口观察点的创建。

一、模型完整度检查

在放置摄影机之前，需要对模型的完整度进行检查，查看上一步操作环节是否对场景产生破坏，模型贴合度是否理想，模型的摆放是否整齐，模型结构是否合理。检查是否有模型面交叠、破面等异常现象。如果有，则需要提前进行修正。

二、创建摄影机

1. 创建目标摄影机

单击创建面板"摄影机"中的"目标摄影机"。将场景切换到顶视图，单击鼠标并在场景中拖曳来创建摄影机。第一个单击的点将被创建成摄影机。拖曳出来的点将被创建成摄影机目标。

2. 调整摄影机位置

我们可以通过移动摄影机本体、目标及其两者间的连线来对摄影机的位置进行移动。

移动摄影机的本体可以将视角的观察点进行调整和变化，此时摄影机观察的目标点不动。移动摄影机的目标可以将摄影机观察的角度和方向进行调整和变化，此时摄影机的观察点不动。移动摄影机和目标之间的连线可以将摄影机的目标和本体同时进行移动，从而保证摄影机的观察方向不变。我们创建完的摄影机通常是贴合在地面上的，主要原因是创建物体通常是在栅格上完成的，而地面通常是与栅格贴合的。我们需要对摄影机进行抬高移动，有以下两种方法。

（1）将摄影机和目标之间的连线选中，然后切换到前视图或左视图。按 W 键激活"选择并移动工具"，选择上、下方向的轴向进行移动，尽量将摄影机的位置调整到人的视点观察的高度，通常离地面 1400~1700 mm 比较合适。我们在移动的过程中可以观察下方的坐标控制区，观察 Z 轴的绝对坐标值，从而控制摄影机的高度。这种方法在操作过程中稍微麻烦一些，但是能够准确地控制摄影机的点位。

（2）我们也可以通过切换到摄影机视图来调整摄影机的视点高度。先按 C 键切换到摄影机视图，此时再按住鼠标中键进行拖曳，就可以调整摄影机在世界 Z 轴上的高度。这种方法可以方便地调整摄影机的高度，但是在调整的过程中，鼠标可能会左、右偏移造成视点偏移。摄影机的高度也只能通过经验来进行控制，适合对效果图制作比较熟练的人员。

3. 调整摄影机的目标点

此时再进行摄影机的目标点调整，可以将摄影机想要观察的方位大致告知 3ds Max。我们尽量在顶视图上进行调整，这样就只操作目标点在世界坐标系 X 轴、Y 轴的坐标，不会破坏刚刚调整的世界坐标系 Z 轴坐标位置。（目标点 Z 轴坐标在上一步操作过程中会保持与摄影机本地 Z 轴坐标齐平，保证了摄影机是水平方位观察。如果有特殊的视角，例如俯视或仰视视角的需求，请忽略此步骤。）

三、设置摄影机

1. 摄影机焦距设置

摄影机创建完成后，其观察的范围一般会十分有限，这主要和摄影机镜头受到焦距参数影响，会产生不同的摄影机观察范围有关。我们可以调整摄影机的该参数从而扩大观察范围，让摄影机视角范围相对完整地覆盖到室内空间的各个界面上，尽可能地将墙面、棚面、地面的设计内容完整地展示出来。

单击创建的摄影机本体。注意在这里不可以选择摄影机本体与目标的连线，也不要选择摄影机目标，否则会造成参数不能设置。

选中摄影机本体后，找到右侧的命令面板，单击修改面板，可以看到镜头参数或者视野参数，这两个参数是相互联动的，调整其中一个，另一个就会跟着动。这里以镜头的焦距参数为例。

在该参数右侧的"上下"箭头处按住鼠标左键进行上、下拖曳来调整视角，从而让摄影机的观察视角进行变化。

摄影机在进行镜头焦距调整的时候，很难观察参数是否调整合适，可以通过调整视口的布局来进行观察。用右键单击视口控制区，在弹出的"视口配置"对话框中选择"布局"，找到合适的视图布局。例如：2 个视图或 3 个视图，如图 3.2.7 所示。

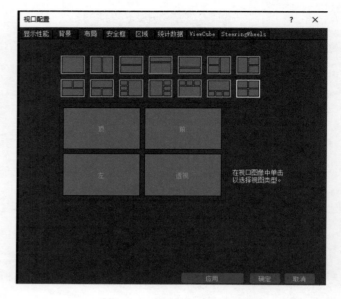

图 3.2.7 视口的布局形式

在其中一个视图上按 C 键，将视图改为摄影机视图。按下 Shift+F 快捷键开启安全框，从而保证视图观察的范围和最终渲染的范围是一致的。此时，选择其他视图的摄影机本体后，在修改面板就可以方便地进行参数修改，同时也可以方便地观察摄影机镜头参数或者视野参数是否调整合适。通常镜头参数值不建议低于 18 mm，否则会造成较强的视角矩形畸变，渲染图会大幅失真，不便于效果图的表现和展示，如图 3.2.8 所示。

为了防止摄影机本体和目标在 Z 轴方向上因有高差而造成视角倾斜，也可以为摄影机的本体添加"摄影机校正"修改器。第一次为摄影机添加该修改器时会自动推测摄影机的倾斜，修正最终画面。注意"摄影机校正"修改器只会修正视口最终的画面输出，不会修正摄影机本体和目标点产生的高差。通常该修改器用于水平观察的摄影机画面调整中。

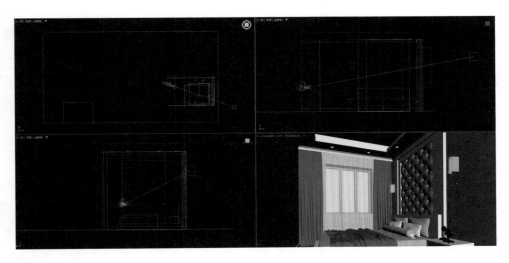

图 3.2.8 摄影机设置

2. 摄影机手动剪切设置

  摄影机在进行设置的过程中通常来说都会很顺利，但对一些特殊的位置进行设置时就会遇到各种各样的麻烦，尤其在某些狭小的居住空间（例如卫生间），或者空间中有较高的物体产生了遮挡（例如客厅与玄关中间有镂空玄关柜或隔断产生了遮挡）。此时，在进行摄影机设置的过程中就不能够方便地调整出较好的观察位置。通常的解决方案是先将摄影机按照正常的思路进行摆放，忽略遮挡物体（例如卫生间的门或镂空的隔断），之后再使用手动剪切来排除遮挡物体，这样就可以得到相对完美的构图。

  选择目标摄影机后，在右侧的命令面板中找到修改面板，在"摄影机"层级中调整摄影机的参数，找到"剪切平面"选项，调整下方的"近端剪切"参数和"远端剪切"参数。

  在进行参数调整的过程中，如果使用鼠标左键去上、下拖曳右侧按钮，剪切参数可能会看不出效果，这主要是因为室内场景中的参数调整数值较小，很难观察到效果，所以初始调整"近端剪切"参数的过程中尽量先手动输入"1000"，这样在随后的调整中使用鼠标左键拖曳，就非常便利。

  当调整"近端剪切"参数和"远端剪切"参数后，且"远端剪切"大于"近端剪切"时，在顶视图上观察，会发现摄影机出现两条红线，分别代表摄影机的近端和远端。

离摄影机本体较近的线条为近端，离摄影机本体较远的线条则为远端，此时摄影机观察的远近范围就是这两条线之间的距离。

  为了让摄影机能够观察到室内场景中的绝大多数物体，尽量将"远端剪切"参数调整到能够包裹住整个室内空间的墙体，并穿过墙体模型和室外的假外景模型。这样就不会在画面中出现丢失物体的问题。

  而"近端剪切"离摄影机本体的距离不要过远，尤其是摄影机"镜头"参数较小的时候。"近端剪切"参数如果过大，就会造成画面中模型被切割，从而导致模型不能够正确渲染和输出。调整近端剪切的时候尽量在顶视图、前视图、摄影机视图中进行联合观察，避免"近端剪切"线条与墙面、棚面、地面或家具产生交叉，造成模型渲染切割现象。

注　意

  虽然摄影机可以通过"手动剪切"功能来排除某些遮挡物体以达到相对较舒适的构图，但是由于"近端剪切"的参数不能过大，因此在使用"手动剪切"功能的时候，摄影机的本体摆放就不能够离遮挡物体太远，否则"近端剪切"参数将无法调整，过大则会被切割，过小则会被隔断家具遮挡。

3ds Max 数字创意表现 实训任务单

项目名称	项目 3 卧室场景制作	任务名称	任务 2 摄影机设置
任务学时		2 学时	
班 级		组 别	
组 长		组 员	

任务目标	1. 能够通过创建面板创建次卧场景的摄影机； 2. 能够使用修改面板，修改摄影机的参数； 3. 能够使用移动工具或视口平移工具调整摄影机的位置、观察角度和高度，营造出适合的构图； 4. 小组成员具有团队意识，能够合作完成任务； 5. 能够对自己所做次卧室场景摄影机创建和调整的过程及效果进行陈述
实训准备	预备知识：1. 界面基本设置方法；2. 创建面板各个分类的使用方法；3. 视口操作的使用方法。 工具设备：图形工作站电脑、A4 纸、中性笔。 课程资源："3ds Max 数字创意表现"在线课——智慧树网站链接： https://coursehome.zhihuishu.com/courseHome/1000062541#teachTeam
实训要求	1. 熟悉 3ds Max 摄影机的基本知识； 2. 掌握 3ds Max 摄影机的创建基本流程和位置调整方法； 3. 根据提供的住宅平面布置图，完成次卧室场景摄影机创建和调整，营造出适合的构图； 4. 认真查看住宅基础建模，小组集体讨论次卧室场景摄影机创建工作计划； 5. 旷课两次及以上者、盗用他人作品成果者单项任务实训成绩为零分，旷课一次者单项任务实训成绩为不合格
实训形式	1. 以小组为单位进行次卧室场景内部摄影机创建的任务规划，每个小组成员均需要完成次卧室场景摄影机创建的实训任务； 2. 分组进行，每组 3~6 名成员
成绩评定方法	1. 总分 100 分，其中工作态度 20 分，过程评价 30 分，完成效果 50 分； 2. 上述每项评分分别由小组自评、班级互评、教师评价和企业评价给出相应分数，汇总到一起计算平均分，形成本次任务的最终得分

3ds Max 数字创意表现 实训评价单

项目名称	项目 3 卧室场景制作			任务名称	任务 2 摄影机设置			
班 级				组 别				
组 长				组 员				
评价内容	评价标准			小组自评	班级互评	教师评价	企业评价	
工作态度 (20分)	1. 出勤：上课出勤良好，没有无故缺勤现象。(5分)							
	2. 课前准备：教材、笔记、工具齐全。(5分)							
	3. 能够积极参与活动，认真完成每项任务。(10分)							
过程评价 (30分)	1. 能够制订完整、合理的工作计划。(6分)							
	2. 具有团队意识，能够积极参与小组讨论，能够服从安排，完成分配的任务。(6分)							
	3. 能够按照规定的步骤完成实训任务。(6分)							
	4. 具有安全意识，课程结束后，能主动关闭并检查电脑及其他设备电源。(6分)							
	5. 具有良好的语言表达能力，能够有效进行团队沟通。(6分)							
完成效果 (50分)	1. 模型检查部分 (10分)	(1) 系统单位设置准确。(2分)						
		(2) 模型无破面。(3分)						
		(3) 模型无错面。(2分)						
		(4) 模型分段均匀。(3分)						
	2. 摄影机创建 (20分)	(1) 摄影机类型创建无问题。(6分)						
		(2) 摄影机目标点放置无问题。(10分)						
		(3) 摄影机高度无问题。(4分)						
	3. 摄影机参数设置 (20分)	(1) 摄影机视野包含多个室内界面。(4分)						
		(2) 摄影机视野无变形。(6分)						
		(3) 摄影机剪切模型无破损。(6分)						
		(4) 摄影机构图美观且适合。(4分)						
总得分 (100分)								

任务3

卧室场景材质制作

卧室场景的材质制作，基本流程包括创建材质球、导入材质或新建材质、编辑材质、贴图坐标、赋予材质，如图 3.3.1 所示。

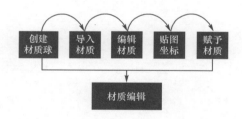

图 3.3.1 材质编辑流程图

1. 材质编辑前准备

在材质编辑前，首先选定需要赋予材质的模型，确定该模型所需的材质种类、材质特点、材质纹理效果等，并考虑该材质与整体空间的协调关系等。

2. 材质编辑

根据次卧模型及设计方案的制订情况，可以按照天棚→墙面→地面→陈设的顺序进行材质编辑，并把材质赋予到模型上。

3. 次卧效果图材质编辑要求

（1）材质编辑前，要在"渲染设置"中选用 VRay 渲染器，这样在材质编辑器中，才能调用 VRay 材质编辑界面。

（2）要根据材质的特点设置材质的漫反射、反射与折射的数值。

（3）将连续纹理的材质、赋予模型时，要做到无缝衔接。

（4）将材质赋予模型后，要调整模型的 UVW 贴图坐标，避免有纹理的材质贴图变形。

一、材质编辑器的认知

1. 材质

材质是模型表面各种可视属性的集合，这些视觉属性来自物体表面的色彩、纹理、光滑度、透明度、反射率、折射率及发光等属性。也可以把材质简单理解为模型表面的颜色、纹理、质感等能被人的视觉直接感知的要素。同一模型被赋予不同材质后，表现的质地完全不同。通过材质给模型添加色彩及质感，能为作品注入活力，使得三维模型看起来不再色彩单一，而是更加真实和自然。因为材质的存在，三维世界创建的物体与现实世界一样多彩。

2. 贴图

贴图是材质的组成部分，它是建立在材质上的一张带有颜色和纹理的平面图。贴图可以通过材质编辑，能影响材质的特定效果。例如：不锈钢材质，是一种金属效果，可以通过材质编辑直接体现；但如果在不锈钢材质表面增加黑白花纹效果，则需要用相应的贴图来实现。因此，模型表面丰富多彩的纹理和图像效果，需要用贴图来实现。

3. 材质编辑器简介

3ds Max 所提供的"材质编辑器"非常重要，里面不但包含了所有的材质及贴图命令，还提供了大量预先设置好的材质以供用户选择。可以说，在 3ds Max 场景中的模型，都需要通过"材质编辑器"来制作和赋予相应的材质。

（1）打开"材质编辑器"

打开"材质编辑器"有以下几种方法：

第一种：单击菜单栏"渲染"，选择"材质编辑器"命令，可以看到 3ds Max 2020 为用户所提供的"精简材质编辑器"命令和"Slate 材质编辑器"命令。

第二种：在主工具栏上，单击"精简材质编辑器"或"Slate 材质编辑器"图标，也可以打开对应类型的材质编辑器。

第三种：按快捷键 M，可以显示上次打开的"材质编辑器"版本（"精简材质编辑器"或"Slate 材质编辑器"）。

（2）"精简材质编辑器"和"Slate 材质编辑器"的区别

①精简材质编辑器

精简材质编辑器是 3ds Max 软件从早期一直延续下来的，深受广大资深用户的喜爱，精简模式结构简单，对于初学者来说比较容易掌握，并且在实际工作中，精简材质编辑器更为常用，如图 3.3.2 所示。

图 3.3.2 精简材质编辑器

② Slate 材质编辑器

Slate 材质编辑器主要使用户通过更直观的节点式命令操作来调试自己喜欢的材质。Slate 材质编辑器的优点就在于，它能够把整个材质的编辑过程和逻辑关系以及素材的引用清晰直观地呈现出来，有利于用户对材质效果的把握和控制，如图 3.3.3 所示。

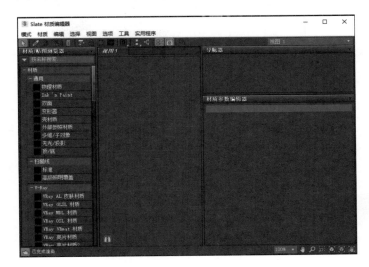

图 3.3.3 Slate 材质编辑器

4. 材质编辑器各部分介绍

为了更直观地展示材质编辑器各部分内容，在这里以精简材质编辑器界面为例进行讲解。

（1）菜单栏

"材质编辑器"窗口的菜单栏中包含了"模式"、"材质"、"导航"、"选项"和"实用程序"这五个菜单，如图 3.3.4 所示。

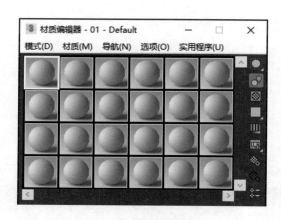

图 3.3.4 菜单栏的内容

①模式

"模式"菜单下包含两个命令，用户可以通过这一菜单快速切换精简材质编辑器和 Slate 材质编辑器。

②材质

"材质"菜单主要用来获取材质、从对象选取材质等。

③导航

"导航"菜单主要用来切换材质贴图或贴图的层级。

④选项

"选项"菜单主要用来切换材质球的显示背景等。

⑤实用程序

"实用程序"菜单主要用来执行清理多维材质、重置材质编辑器窗口等操作。

（2）材质球示例窗口

"材质球示例窗口"主要用来显示材质的预览效果，通过观察示例窗口中的材质球，可以很方便地查看调整相应参数对材质的影响结果。

在材质球示例窗口中，选择任意材质球并双击，这时就会打开一个单独的示例窗口来显示材质球，可以通过拖曳的方式把它放大来进行观看，检查材质调节得是否正确，但是

需要注意的是当我们放大这个示例窗口的时候，窗口越大，越会拖慢机器的运行速度，所以把它放大到一个适当大小就可以了。

（3）工具栏

工具栏是围绕材质球示例窗口排列的纵、横两排工具按钮，用来对材质进行控制。

右侧纵排按钮针对的是材质球示例窗口中材质的显示效果，下方横排按钮用来为材质指定保存和层级跳跃。各个按钮的功能如下：

获取材质：单击此按钮，打开"材质 / 贴图浏览器"窗口，通过此窗口可以获取材质。

将材质放入场景：编辑好材质后，单击该按钮更新场景中已应用对象的材质。当在材质球示例窗口中的材质与场景中的材质具有相同的名称时才能够使用该按钮。

将材质指定给选定对象：将设置好的材质指定给场景中的选定对象。

重置贴图 / 材质为默认设置：删除对材质所进行的属性修改，将其恢复到默认值。当材质被赋予模型后，单击该图标出现两种选项：

第一种：影响场景和材质编辑器材质球示例窗口中的材质 / 贴图，是指场景和示例窗口中的材质都会被删除。

第二种：仅影响材质编辑器材质球示例窗口中的材质 / 贴图，是指把示例窗口中的材质删除了，并不会影响场景中的材质。

生成材质副本：在选定的示例窗口中创建当前材质的副本。

使唯一：将实例化的材质设置为独立的材质。

放入库：重新命名材质并将其保存到当前打开的库中。

材质 ID 通道：为后期材质设置 ID 通道。

视口中显示明暗器处理材质：在视口对象上显示 2D 材质贴图。

显示最终结果：在实例图中显示材质及应用的所有层级。

转到父对象：将当前材质向上移一个层级。

转到下一个同级项：选择同一层级的下一个贴图或材质。

采样类型：控制示例窗的显示类型，可选球形（默认）、圆柱体或长方体。

背光：打开或关闭选定示例窗中的背景灯光。

背景：在材质窗后显示方格背景图像，适合于观察透明材质。

采样 UV 平铺：为示例窗中的贴图设置 UV 平铺显示。

视频颜色检查：检查当前材质中在 NTSC 和 PAL 制式下不支持的颜色。

生成预览：用于生成、浏览和保存材质预览渲染。

选项：单击此按钮，打开"材质编辑器选项"对话框，利用此对话框进行材质动画、自定义灯光等设置。

按材质选择：按照材质类型选择对象。

材质／贴图导航器：单击此按钮，打开"材质／贴图导航器"窗口，该窗口显示当前材质的层级结构。

5. 参数编辑器

参数编辑器用于控制材质的参数，基本上所有的材质参数都在这里调节。注意，当使用了不同的材质时，其内部的参数也不相同。

6. 材质资源管理器

"材质资源管理器"主要用来浏览和管理场景中的所有材质。单击菜单栏"渲染"，选择"材质资源管理器"命令，会弹出"材质资源管理器"对话框。

"材质资源管理器"对话框包含两个面板，上部为"场景"面板，下部为"材质"面板。"场景"面板类似于场景资源管理器，用户可以在其中浏览和管理场景中的所有材质；而利用"材质"面板可以浏览和管理单个材质的组件。

"材质资源管理器"对话框非常有用，可以很方便地查看当前场景中所有的材质球类型，以及该材质添加到场景中的哪个物体上。当选择"场景"面板中的任意材质球时，下面的"材质"面板会显示出相应的属性以及加载的纹理贴图。

7. "标准"材质

3ds Max 为我们提供了多种类型的材质球以供选择，单击材质编辑器上的 Standard 按钮，在弹出的"材质／贴图浏览器"对话框中可以查看这些材质类型。

"标准"材质类型是 3ds Max 的经典材质类型，不但历史悠久，而且使用频率极高，备受广大三维艺术家的青睐。调试材质是一个技术活，秘诀在于平时多观察现实世界中同样的或是类似的物体对象以供参考。在 3ds Max 中，标准材质在默认情况下是一个单一的颜色，如果希望标准材质的表面具有细节丰富的纹理，用户可以考虑使用高清晰度的图片来进行材质制作。

8. VRay 材质及贴图

在"渲染设置"对话框中，打开"公用"栏目下的"指定渲染器"卷展栏，单击"产品级"右侧按钮，打开"选择渲染器"对话框，选择 V-Ray 5、hotfix 2 渲染器，就可以将 3ds Max 的渲染器切换为 VRay 渲染器。

经过上述的渲染器切换，我们就可以在材质编辑器中使用 VRay 所提供的专业材质球及贴图了，下面我们来学习一下 VRay 的常用材质类型。

（1）VRayMtl 材质

VRayMtl 材质是使用最为频繁的一种材质球，可以用来制作日常生活中的各种材质，如玻璃、金属、陶瓷等。打开"材质编辑器"窗口，单击 Standard 按钮，在弹出的"材质／贴图浏览器"对话框中选择"V-Ray"卷展栏下的"VRayMtl"，将标准材质切换为 VRayMtl 材质，如图 3.3.5 所示。

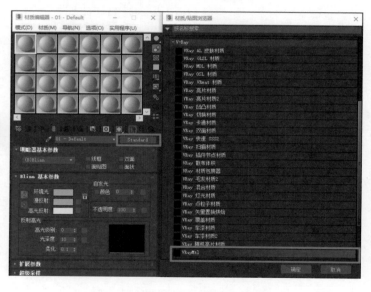

图 3.3.5 切换 VRayMtl 材质

① "漫反射"组

漫反射：物体的漫反射用来决定物体的表面颜色，通过"漫反射"右侧的色块可以为物体表面指定贴图，如果未指定贴图，则可以通过漫反射的色块来为物体指定表面色彩。

粗糙度：数值越大，粗糙程度越明显。

② "反射"组

反射：用来控制材质的反射程度，根据色彩的灰度来计算。颜色越白，则反射越强；颜色越黑，则反射越弱。当反射的颜色是其他颜色时，则控制物体表面的反射颜色。

高光光泽：控制材质的高光大小。

反射光泽：控制材质反射的模糊程度，真实世界中的物体大多有着反射光泽度，当"反射光泽度"为 1 时，代表该材质无反射模糊。"反射光泽度"的值越小，反射模糊的现象越明显，计算耗时也越长。

细分：用来控制"反射光泽度"的计算品质。

最大深度：控制反射的次数，数值越高，反射的计算耗时越长。

菲涅尔反射：当勾选该选项后，反射强度会与物体的入射角度有关系，入射角度越小，反射越强烈。当垂直入射时，反射强度最弱。菲涅尔反射是指当光到达材质交界面时，一部分光被反射，另一部分光发生折射。所有物体都有菲涅尔反射，只是强度不同。因此，加菲涅尔反射是为了模拟真实世界的光学现象。举个例子，如果你站在湖边，低头看脚下的水，你会发现水是透明的，反射不是特别强烈；但如果你看远处的湖面，会发现水并不是透明的，反射非常强烈。

菲涅尔折射率：在"菲涅尔反射"中，菲涅尔现象的强弱可以使用该选项来调节。

③ "折射"组

折射：和反射的控制方法一样。颜色越白，物体越透明，折射程度越高。

光泽度：用来控制物体的折射模糊程度。

折射率：用来控制透明物体的折射率。

细分：用来控制折射模糊的品质。值越高，品质越好，渲染时间越长。

最大深度：用来控制计算折射的次数。

影响阴影：此选项用来控制透明物体产生的通透的阴影效果。

④ "烟雾"组

烟雾颜色：可以让光线通过透明物体后变少，用来控制透明物体的颜色。

烟雾倍增：用来控制透明物体颜色的强弱。

⑤ "半透明"组

半透明：半透明效果的类型有 "无" "硬（增）模型" "软（水）模型" "混合模型" 4 种。

厚度：用来控制光线在物体内部被追踪的深度，也可以理解为光线的最大穿透能力。

散布系数：物体内部的散射总量。

背面颜色：用来控制半透明效果的颜色。

正 / 背面系数：控制光线在物体内部的散射方向。

灯光倍增：设置光线穿透能力的倍增值，值越大，散射效果越强。

⑥ "自发光"组

自发光：用来控制材质的发光属性，通过色块可以控制发光的颜色。

全局照明：默认为开启状态，接受全局照明。

（2）VRay 灯光材质

VRay 灯光材质可以用来制作灯光照明及室外环境的光线模拟。

（3）VRay 凹凸材质

VRay 凹凸材质为用户额外提供了一种物体表面凹凸算法。

（4）VRay 混合材质

VRay 混合材质通过对多个材质的混合来模拟自然界中的复杂材质。

二、常用材质的特点

1. 乳胶漆

乳胶漆是一种以合成树脂乳液为基料，加入各种填料和助剂调配成的水性涂料。乳胶漆主要用于建筑室内外墙面、室内天棚等，起着平整界面、清洁防护和装饰美观的作用。乳胶漆从表面质感效果上，可以分为亮光、哑光、丝光、无光等类型。其中，普通型的乳胶漆多数是白色无光的，主要起到墙体遮盖作用。乳胶漆是水性涂料，质量合格的乳胶漆，可挥发物质浓度控制在 0.1% 以下，可以作为无毒环保材料，在家庭装修中使用。

在乳胶漆材质制作中，需要根据乳胶漆不同的材质质感，调整材质的漫反射、反射及反射光泽度等参数。一般无光的乳胶漆是没有反射的，而亮光、丝光、哑光等乳胶漆材质都带一点反射，然后通过反射光泽度参数的调整，控制材质反射的清晰度，如图 3.3.6 所示。

图 3.3.6 乳胶漆材质

2. 塑钢

塑钢指的是塑钢型材。塑钢型材的表面是 PVC 塑料，由于单纯的 PVC 塑料用于加工门窗强度不够，需要在型材内部添加钢材来增大强度，因此在 PVC 塑料中添加钢材的这种型材被称为塑钢型材。塑钢型材主要用途是制作塑钢门窗和护栏。相对于传统的铝合金门窗、木制门窗、铸铁门窗等材料，塑钢门窗在保温、隔音、耐久等方面的性能更具有优势，因此，塑钢门窗在我国建筑及装饰行业中被大范围推广使用。

在室内空间场景中，塑钢外表一般是白色塑料材质，略微带一点反射。除了白色，塑钢门窗还有墨绿色、赭石色、灰色等，需要根据实际设计方案的要求来制作，如图 3.3.7 所示。

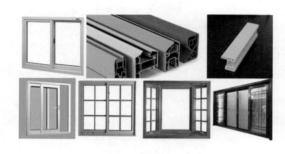

图 3.3.7 塑钢材质

3. 玻璃

在日常生活中，玻璃是一种常见的材料，它的主要成分是二氧化硅，属于无机非金属材料。由于玻璃具有透明的特性，在建筑行业中，玻璃主要用于制作门窗、隔断，起着分隔、透光的作用。在日常生活中，玻璃也大量用于制作家具、容器、工艺品等。

玻璃是人类较早发明的材料之一，现存最早的玻璃制品被发现于两河流域，有四千多年的历史。中国的玻璃发展历史悠久，历经两千多年。玻璃在我国古代又称作"琉璃""药玉""料器"等，在古代主要用于工艺品制作。早在汉代，就通过"丝绸之路"进行玻璃器皿的交易。

玻璃的种类很多，除了我们常见的平板玻璃之外，还有钢化玻璃、磨砂玻璃、压花玻璃、热弯玻璃、玻璃砖等。在场景建模中，给玻璃制作材质，需要根据玻璃的不同种类和特点去给予相应的材质质感，如图 3.3.8 所示。

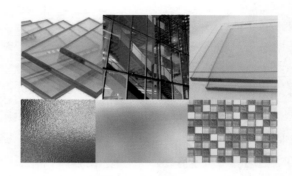

图 3.3.8 玻璃材质

4. 木地板

木地板种类很多，主要分为实木地板、实木复合地板、强化复合地板、竹地板、软木地板等。其中，实木地板、实木复合地板、强化复合地板在室内装修中比较常见。

实木地板是用天然木材直接加工成的地板，所用的木材要求纹理美观、材质软硬适度、稳定性和加工性好。实木地板纹理自然，脚感舒适，环保，但价格昂贵，安装复杂，耐水性差，在潮湿的环境下易变形，需要经常维护和保养。

实木复合地板是由实木板材分层交错压制成的，不容易变形；表面是天然的木皮，纹理自然。相对于实木地板，实木复合地板安装简便，易于保养。但是由于在加工中，需要用胶黏合实木板材，环保性不如实木地板。

强化复合地板是以高密度纤维板为基材，外侧为木纹装饰纸，并在装饰纸表面添加三氧化二铝作为耐磨层加工成的地板。相对于实木地板和实木复合地板，强化复合地板耐磨性好，纹理和颜色种类多样，施工安装简便，适用场地更广泛。但是由于在加工中需要使用大量胶来黏合木纤维，会释放一定的有害物质，在挑选地板时需要注意产品的环保性，质量好的强化复合地板是符合国家环保标准的。另外，强化复合地板的纹理是印刷上去的，铺贴时会有一定的重复纹理，装饰的自然性不如实木地板和实木复合地板。

　　木地板材质一般是由多块地板拼接成的图样，具有一定重复性，在给地面赋予材质时，要考虑地板材质重复铺贴的自然效果；另外，木地板漆面有亮光和哑光的区别，表面质感有光滑和浮雕的不同效果，需要根据设计要求来制作木地板材质，如图 3.3.9 所示。

图 3.3.9 木地板材质

　　要求：根据企业设计项目的任务要求，完成某家装室内设计项目次卧室场景的天棚乳胶漆材质的编辑。

一、开启材质编辑器

　　单击工具栏上的"材质编辑器"按钮，或按快捷键 M 激活材质编辑器。3ds Max 材质编辑器有两种模式，一种是精简模式，另一种是 Slate 模式。为了更直观一些，在这里使用精简模式。

二、设置材质球

　　3ds Max 2020 版材质编辑器的界面上，默认有 24 个材质球，选择第一个材质球，用于制作乳胶漆材质。编辑显示在材质编辑器工具栏下面的名称字段，将默认的"01-Default"改成"乳胶漆"，这个材质球就被命名为"乳胶漆"。在制作材质的后期，我们面对众多的材质球，可以通过为材质球命名的方式，快速找到想要的那个材质球。

三、制作乳胶漆材质

1. 创建三维模型

　　为了更好地展示材质赋予模型的效果，制作材质前，先创建一个三维模型作为参考。我们在顶视图中创建一个球体，球体半径为 50 mm；再用"平面"工具创建一个地面，"地面"长、宽均为 1000 mm，如图 3.3.10 所示。

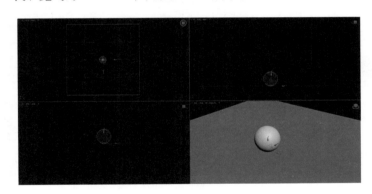

图 3.3.10 创建球体和地面

2. 切换为 VRayMtl 材质

　　在默认状态下，3ds Max 2020 版的材质球材质类型是物理材质，但是我们需要使用 VRay 材质，因此，需要将物理材质改成 VRayMtl 材质。VRayMtl 材质是 VRay 的标准材质，在制作 VRay 材质时，VRayMtl 材质是首选。

　　单击"物理材质"按钮，打开"材质/贴图浏览器"对话框，选择"V-Ray"卷展栏下的"VRayMtl"，这样，材质就切换为VRayMtl材质界面，如图3.3.11所示。

将默认的灰色调整为白色，右侧红、绿、蓝都调整为254，亮度也调整为254，这是白色乳胶漆本来的颜色，单击"确定"按钮，关掉颜色选择器，如图3.3.12所示。

图 3.3.11 VRayMtl 材质界面

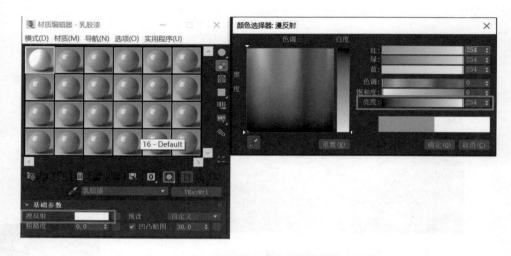

图 3.3.12 调整乳胶漆材质的漫反射参数

3. 调整漫反射参数

在材质编辑器中，漫反射主要用于修改材质球的颜色和材质，也就是在效果图中直接能看到的材质效果。我们在这里制作一个白色乳胶漆材质，因此，只需要修改"漫反射"右侧的色块就可以。

单击"漫反射"右侧的色块，打开"颜色选择器：漫反射"对话框。我们在这里选择乳胶漆材质所需要的表面颜色。"漫反射"默认的颜色是灰色的。

4. 调整反射参数

在室内效果图中，大部分的材质都是带有反射性质的。虽然真实的乳胶漆材质本身反射比较弱，但是在室内场景中，它多少会受到周围环境的影响而带一点反射效果。

"反射"选项在"漫反射"的下方，"反射"右侧的色块默认是黑色的，"反射"的强度以颜色的灰度来计算，当"反射"的颜色为黑色时，就意味着材质没有反射效果；当"反射"的颜色为白色时，反射的强度最大。

单击"反射"右侧的色块，将亮度调整为11，这样乳胶漆材质会有一点反射和反光的质感；"反射光泽度"调整为0.75，这是比较粗糙的质感，然后勾选"菲涅尔反射"复选框。选择刚才创建的球体模型，在乳胶漆材质球上单击鼠标右键，在弹出的快捷菜单中选择"将材质指定给选择对象"，这个材质就被赋予球体模型了，如图3.3.13所示。

图 3.3.13 调整乳胶漆材质的反射参数

> **注意**
>
> 在制作模型材质时，如果使用 VRay 渲染器，材质必须优先选择 VRayMtl 材质，这样 VRay 渲染器的兼容性和材质渲染的效果更好，VRayMtl 材质能够和场景中的环境相互作用，如色彩、反光、阴影等都能完美融入场景，效果图的协调性更好；如果使用 3ds Max 的默认"标准"材质，可能会出现兼容性问题，如模型表面没有邻接物体的反光、色彩，在场景中显得非常突兀。

四、制作白色塑钢材质

1. 创建三维模型

为了更好地展示材质赋予模型的效果，制作材质前，先创建一个三维模型作为参考。我们在顶视图中创建一个球体，球体半径为 50 mm；再用"平面"工具创建一个地面，"地面"长、宽均为 1000 mm。

2. 调整漫反射参数

打开材质编辑器，将材质球默认的物理材质改为 VRayMtl 材质，这样，材质就转换为 VRayMtl 材质。塑钢材质也是白色的，在"漫反射"选项中，把色块调整为白色。单击"漫反射"右侧的色块，将默认的灰色调整为白色，右侧红、绿、蓝都调整为 255，亮度也调整为 255，如图 3.3.14 所示。

图 3.3.14 调整塑钢材质的漫反射参数

3. 调整反射参数

塑钢材质的表面比乳胶漆材质更光滑，因此反射度也要高得多。单击"反射"右侧的色块，将亮度调整为 100，勾选"菲涅尔反射"复选框，下方"反射光泽度"设置为 0.8，如图 3.3.15 所示。

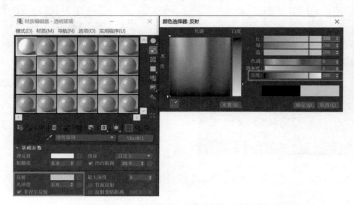

2. 调整反射参数

单击"反射"右侧的色块，将亮度调整为 200，勾选"菲涅尔反射"复选框，如图 3.3.17 所示。

图 3.3.17 调整透明玻璃材质的反射参数

图 3.3.15 调整塑钢材质的反射参数

五、制作透明玻璃材质

1. 调整漫反射参数

同前面的操作一样，先创建一个球体模型，然后打开材质编辑器，重新创建一个 VRayMtl 材质球。将漫反射的颜色选择器打开，在右侧参数面板，将默认的灰色调整为白色，右侧红、绿、蓝都调整为 255，亮度也调整为 255，玻璃的固有色为白色，如图 3.3.16 所示。

3. 调整折射参数

因为透明玻璃的透明度很高，亮度可以调整为 255。折射的数值越高，透明度就越大。折射率为 1.55，右边有一个"影响阴影"复选框要勾选上，这样当光线透过玻璃时，才会产生阴影，如图 3.3.18 所示。

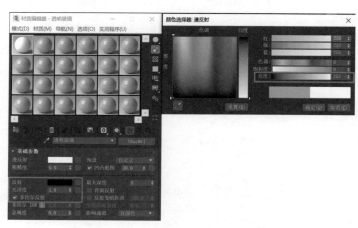

图 3.3.16 调整透明玻璃材质的漫反射参数

图 3.3.18 调整透明玻璃材质的折射参数

4. 将材质赋予模型

将设置好的透明玻璃材质赋予球体模型，然后渲染成图。由于透明玻璃材质的折射度较高，灯光透过模型后阴影比较模糊，如果需要更明显的阴影，可以适当减小折射度，如图 3.3.19 所示。

图 3.3.19 透明玻璃材质渲染效果

注意

制作透明玻璃材质时，主要是解决材质中反射和折射的问题。透明玻璃材质的特点，就是反射度和折射度都比较高，在反射和折射右侧的色块中，将颜色调整为白色，但也不能调整过多。一般情况下，物体的反射度设置过高，物体表面反射出的周围环境会非常明显，透明的效果反倒不明显了。也就是说，反射度过高，折射效果就会下降，反之亦然。

六、制作木地板材质

在室内场景的效果图中，木地板是一种很常见的材质，但是木地板的制作并不简单。首先，木地板材质需要一张合适的木地板图片作为基础纹理贴图，如果要想做出比较真实的木地板材质，还需要设置适当的反射、凹凸等参数；其次，

扫码看视频

木地板材质制作

将木地板材质赋予指定模型时，还需要设置材质贴图坐标，让材质均匀自然地赋予模型上。我们制作木地板材质，主要就是围绕解决以上两个问题来进行的。

1. 创建地面模型

在 3ds Max 顶视图上创建一个平面作为地面，长、宽尺寸设置为 5000 mm×3000 mm，用来赋予木地板材质。

2. 导入木地板贴图

首先，我们需要选择一个合适的木地板材质作为这次的材质贴图。木地板材质是一个带有纹理的材质。我们需要先分析一下这个材质，再进行参数的调整。第一个是木地板的规格。一般情况下，木地板的规格为，长 1.2 m、宽 15 cm。那么我们就要数一下在这个贴图中有多少块地板，然后用地板的块数乘以 15 cm，就是木地板实际的宽度。然后，估算一下贴图的长宽比，由此得出木地板的长度，按这个比例在场景中贴图，就不会出现贴图变形的问题。第二个是木地板的质感。根据室内方案设计的要求，在场景中，需要什么样的地板，是亮面清漆地板还是哑光地板，地板表面是光滑的还是带有浮雕纹理的，这些都会影响材质参数的调整。

在这里，我们做一个哑光的木地板材质。首先打开材质编辑器，选定一个材质球，将它转为 VRayMtl 材质，单击"漫反射"右侧的色块，打开"材质／贴图浏览器"对话框。选择"贴图"栏目"通用"卷展栏下的"位图"，单击"确定"按钮。这时会弹出"选择位图图像文件"对话框，从中选择指定的木地板贴图文件，单击"打开"按钮，将木地板材质导入材质球。

3ds Max 2020 版的材质编辑器，在导入贴图文件后，默认为"使用真实世界比例"，这样材质球中的材质纹理不会显示，我们看不出材质的实际情况。因此，要把"使用真实世界比例"勾选状态取消，如图 3.3.20 所示。

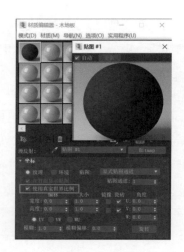

图 3.3.20 勾选"使用真实世界比例"复选框的效果

接下来,把"模糊"调整为 0.01,让木地板的纹理更加清晰。单击"转到父对象",回到上一层级。由于木地板材质表面具有一定的反射和凹凸质感,因此,在材质设置时,需要调整反射和凹凸。单击"反射"右侧的色块,将亮度调整为 34,给木地板一点反射。"反射光泽度"设置为 0.82,让木地板表面变得粗糙一些,勾选"菲涅尔反射"复选框,如图 3.3.21 所示。

图 3.3.21 木地板反射参数调整

接下来,在下面"贴图"栏目中,按住鼠标右键,将"漫反射"右侧的贴图拖到下方"凹凸"右侧的色块上,在弹出的"复制(实例)贴图"对话框中,选择"实例"。这样,如果漫反射中的材质更换,凹凸中的材质也会自动同步更换。将"凹凸"参数调整为 11。这是因为木地板的纹理和拼接处存在一些凹凸不平的质感,加入凹凸后,会让材质变得更立体。

3. 设置 UVW 贴图坐标

木地板材质制作完成后,接下来要将材质赋予地板模型。从木地板的渲染图可以看到,木地板材质直接赋予模型后,材质贴图是根据地面的长宽尺寸拉伸贴图的,贴图比例比较大,不符合实际木地板贴图的比例,如图 3.3.22 所示。

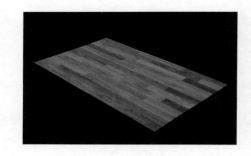

图 3.3.22 将木地板材质直接赋予模型的效果

在给模型赋予材质前,需要给模型设置一个 UVW 贴图坐标,用来控制贴图的大小和位置。我们先来了解一下"UVW贴图"修改器。"UVW 贴图"修改器的主要功能是调整和编辑贴图的坐标,它可以改变贴图的大小,控制贴图在模型中的位置和铺贴的尺寸。我们知道,材质贴图都是平面的,但是三维模型是立体的,要想把材质贴到模型指定的位置,需要通过"UVW 贴图"修改器来控制材质贴图的尺寸。这就是"UVW 贴图"修改器的作用。同时,它可以调整材质的铺贴密度,让同一个材质贴图在场景中重复铺贴,形成连续的图案。

另外，还需要估算一下贴图的长宽比，按这个比例在UVW贴图中设置参数，就不会出现贴图变形的问题。

在调整之前，我们先来看一下木地板的贴图，木地板从左到右，是十二条地板块排列，前面已经讲了，每条木地板宽为 15 cm，十二条就是 1.8 m，从贴图上看，这条木地板的长度可以估算为 2.2 m。因此，这个贴图的 UVW 贴图坐标可以设置为长 2200 mm，宽 1800 mm。

在 3ds Max 界面右侧的修改面板中，找到 UVW 贴图工具，单击将其加载进来，在"参数"卷展栏的"贴图"栏目中，选择"长方体"，把下方"真实世界贴图大小"勾选状态取消，就可以设置长度、宽度和高度了。设置长度为 2200 mm、宽度为 1800 mm、高度为 1 mm。因为木地板只能看到表面，看不到高度，因此对高度不做调整，如图 3.3.23 所示。

图 3.3.23 UVW 贴图参数设置

调整后，我们可以看到，地面的材质纹理更密了，铺贴更连贯，符合场景空间的比例，如图 3.3.24 所示。

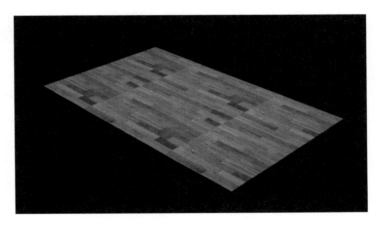

图 3.3.24 UVW 贴图设置后的木地板贴图效果

如果我们想把木地板的纹理横过来，可以调整 UVW 贴图橙色方框的角度。

注意

在调整 UVW 贴图位置时，需要注意两个问题：一个是旋转贴图的黄色方框时，需要把上方工具栏中的"角度捕捉切换"打开，这样旋转时就可以控制旋转的角度；另一个是调整完 UVW 贴图的方框后，要及时单击界面右侧修改面板中的"UVW 贴图"栏，关闭 UVW 贴图调整设置，让黄色方框变成橙色。

材质制作是电脑效果图中非常重要的一个环节。设计者是否熟练掌握关系到效果图能否达到方案设计要求，能否让客户满意；另外，电脑效果图要尽可能接近真实的竣工效果，材质的选择和制作也要符合设计和真实材料的要求。因此，在材质的制作方面，要认真细致地挑选符合要求的材质贴图，尽可能体现出设计的创意和材料的特点，做到尽善尽美。

3ds Max 数字创意表现 实训任务单

项目名称	项目 3　卧室场景制作	任务名称	任务 3　卧室场景材质制作
任务学时	10 学时		
班　　级		组　　别	
组　　长		组　　员	
任务目标	1. 能够熟练使用材质编辑器； 2. 能够熟练制作乳胶漆材质； 3. 能够熟练制作塑钢材质； 4. 能够熟练制作玻璃材质； 5. 能够熟练制作木地板材质； 6. 小组成员具有团队意识，能够合作完成任务； 7. 能够对自己所做卧室场景后期处理的过程及效果进行陈述		
实训准备	预备知识：1.3ds Max 效果图制作流程和方法；2.3ds Max 和 VRay 基本设置方法；3.3ds Max 常规工具的使用方法。 工具设备：图形工作站电脑、A4 纸、中性笔。 课程资源："3ds Max 数字创意表现"在线课——智慧树网站链接： https://coursehome.zhihuishu.com/courseHome/1000062541#teachTeam		
实训要求	1. 熟悉 3ds Max 材质编辑器设置的基本方法； 2. 熟知常规材质的用途及表现特点； 3. 掌握常规材质参数的设置流程和方法； 4. 根据提供的次卧室效果图设计要求，完成相关材质的制作； 5. 旷课两次及以上者、盗用他人作品成果者单项任务实训成绩为零分，旷课一次者单项任务实训成绩为不合格		
实训形式	1. 以小组为单位进行次卧室场景模型材质制作的任务规划，每个小组成员均需要完成次卧室场景模型材质制作实训任务； 2. 分组进行，每组 3~6 名成员		
成绩评定方法	1. 总分 100 分，其中工作态度 20 分，过程评价 30 分，完成效果 50 分； 2. 上述每项评分分别由小组自评、班级互评、教师评价和企业评价给出相应分数，汇总到一起计算平均分，形成本次任务的最终得分		

3ds Max 数字创意表现 实训评价单

项目名称	项目3 卧室场景制作		任务名称	任务3 卧室场景材质制作			
班　　级			组　　别				
组　　长			组　　员				
评价内容	评价标准			小组自评	班级互评	教师评价	企业评价
工作态度 (20分)	1. 出勤：上课出勤良好，没有无故缺勤现象。(5分)						
	2. 课前准备：教材、笔记、工具齐全。(5分)						
	3. 能够积极参与活动，认真完成每项任务。(10分)						
过程评价 (30分)	1. 能够制订完整、合理的工作计划。(6分)						
	2. 具有团队意识，能够积极参与小组讨论，能够服从安排，完成分配的任务。(6分)						
	3. 能够按照规定的步骤完成实训任务。(6分)						
	4. 具有安全意识，课程结束后，能主动关闭并检查电脑及其他设备电源。(6分)						
	5. 具有良好的语言表达能力，能够有效进行团队沟通。(6分)						
完成效果 (50分)	1. 乳胶漆材质制作 (10分)	(1) 能够熟练打开材质编辑器。(2分)					
		(2) 漫反射参数设置准确。(4分)					
		(3) 反射参数设置准确。(4分)					
	2. 塑钢材质制作 (10分)	(1) 能够熟练打开材质编辑器。(2分)					
		(2) 漫反射参数设置准确。(4分)					
		(3) 反射参数设置准确。(4分)					
	3. 玻璃材质制作 (15分)	(1) 能够熟练打开材质编辑器。(2分)					
		(2) 漫反射参数设置准确。(4分)					
		(3) 反射参数设置准确。(4分)					
		(4) 折射参数设置准确。(5分)					
	4. 木地板材质制作 (15分)	(1) 能够熟练打开材质编辑器。(2分)					
		(2) 漫反射参数设置准确。(4分)					
		(3) 反射参数设置准确。(4分)					
		(4) UVW 贴图参数设置准确。(5分)					
总得分 (100分)							

任务4

卧室场景灯光设置

完成后移动模型产生灯光错位的异常效果。在检查漏光的过程中，可以创建一些泛光灯等辅助光源来进行检查，以免单独查看模型无法直观查看到漏光点。

第三步，检查安装灯光处的结构模型是否正确，例如隐灯槽、橱柜灯槽等。如果结构模型错误，是无法将灯光安装到模型里的。

第四步，要进行 VRay 的灯光测试参数设置。VRay 的设置在每个项目制作过程中都需要进行一次，它不像 3ds Max 中的撤销次数和单位设置一样可以保存在软件里。所以每做一个项目都需要检查。另外，低版本的 VRay 在使用的过程中如果不进行相应的灯光参数设置，可能无法渲染出正确的图像，或者渲染时间过长，甚至曝光过度。

任务解析

卧室场景的灯光设置，基本流程包括设置前检查、灯光创建和灯光测试三个部分，如图 3.4.1 所示。

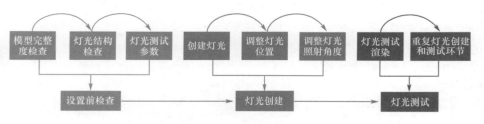

图 3.4.1 灯光设置流程图

一、灯光设置前检查

由于在灯光设置前，进行了大量的模型导入工作，因此需要对前期导入的模型和墙体硬装模型进行检查。第一步，打开室内场景模型，检查地面造型建模、墙面硬装造型建模、棚面硬装造型建模是否完成；旋转透视视图进行模型检查，将视角从外至内进行观察，查看是否有墙体接缝、窗口接缝、棚面造型接缝、墙面造型接缝漏光的部分。

第二步，分别切换到前视图、顶视图、左视图，观察导入的模型是否正常，是否与墙面、地面、棚面完整贴合，如未贴合则需要进行调整，避免灯光设置

二、灯光创建

当设置完参数之后就可以进行灯光创建。首先要进行室内空间的灯光分析，了解室内空间需要设置灯光的位置和形式，从而把室内的灯光转化成 3ds Max 中的灯光类型，保证室内的照明效果。

在室内空间中创建灯光需要对室内空间的灯光性质进行分析，了解灯光在空间中产生的作用，才能选用适合的灯光来进行室内外的布光。例如：室内的隐灯槽

灯带需要用细长的 VRay 面光源，室内的主灯根据灯光的样式还需要进行细分。例如：吸顶灯可以使用 VRay 面光源配合 VRay 发光材质，吊灯可以选用 VRay 球形灯光来模拟室内灯光等。

三、灯光测试

在每一个灯光设置完成后要对其灯光照明效果进行测试，避免出现不同灯光参数设置不到位，造成整个室内灯光效果不佳的现象。如果没有提前进行测试而等到全部灯光打完之后再测试，就可能因为灯光之间相互影响，很难找出出现问题的灯光的适合的参数。所以尽量是对每一盏灯光进行单一测试，或者对每一个集群灯光进行测试。

灯光测试要尽量在摄影机视图中进行，可以尽可能地保证最终出图效果与测试好的灯光效果一致。尽可能让测试时间保持在 20~60 秒。对于复杂的场景和性能较差的计算机也尽量让每一次的测试时长不超过 2 分钟。如果在参数较低且计算机性能尚可的情况下产生了长达 5~20 分钟的测试时长，就要开始逐项检查是否有渲染参数、灯光参数或者个别材质参数的设置出现问题。

知识链接 ▶

一、现实灯光与三维软件灯光

1. 现实中的灯光

（1）灯光的概念

灯光，即灯的亮光，或舞台上、摄影棚内的照明。灯光大致可以分为高光、聚光、散光、柔光、强光、焦点光等。室内设计领域中涉及的灯光通常有主光源、局部照明、装饰照明、均匀照明等。

（2）室内灯光的设计

随着大家对生活品质的要求不断变高，灯光设计也成为家装设计中的重中之重。如果失去灯光，或者灯光没有层次感，那么无论家里有多少精致的装饰品，室内空间装饰的效果都不会令人满意。

光在室内中分为很多种类型，首先很重要的一部分来自室外灯光，这部分是从窗户透进来的。这也是室内设计的一部分。自然界最好的光源是太阳，人类千百年来已经适应，因此一般认为灯光越接近太阳光越好，然而在室内环境中通常却不是以这么单纯的标准来衡量的。室内的光有时不仅仅能产生相应照明，还能够产生一定的装饰效果。

在室内灯光设计方面，除了"照亮空间"之外，灯光也可以让空间呈现出视觉的层次感，营造出不同的艺术氛围，更可以创造出令人感到无比舒适的室内环境，让整个空间呈现温馨、放松和安全的感觉。

在卧室场景中，要分析整个场景中需要的灯光元素。除了室内的主光源，还要考虑是否存在无主光的设计方案，是否应该增添辅助照明、局部照明、装饰照明灯。例如：桌面旁边的台灯、和床头对称的床头灯，都能够让整个室内空间不会显得单调。灯光可以让室内的功能空间产生更加明确的区域感，也可以让功能空间的局部亮度增强。

2. 三维软件中的灯光

3ds Max 自带的灯光类型种类很多。以 3ds Max 2020 为例，自带灯光分为两大类，共 9 种，分别为目标灯光、自由灯光、太阳定位器、目标聚光灯、自由聚光灯、目标平行光、自由平行光、泛光灯、天光等。

我们可以选择不同类型的灯光来模拟现实场景中的各种灯光。例如：我们使用泛光灯来模拟灯珠，利用目标平行光来模拟太阳光等。但是多数情况下我们还是使用 VRay 渲染器来完成室内空间的效果图制作，为了保证 3ds Max 制图速度和 VRay 渲染的速度，尽量使用 VRay 的灯光系统。虽然 VRay 兼容 3ds Max 灯光，但一些版本的 VRay 在使用 3ds Max 自带灯光的时候速度相对较慢。

二、3ds Max 自带灯光参数

虽然 3ds Max 自带的灯光类型很多，以当前版本来看共有 9 种灯光。但常用的 3ds Max 标准灯光就五大类：聚光灯、泛光灯、平行光、天光、目标灯光。其中，前四种灯光是 3ds Max 的标准灯光，在灯光面板中的标准类别里可以进行创建，而目标灯光则在灯光面板中的光度学类别里进行创建。

1. 聚光灯

聚光灯是一种具有方向性和范围性的灯光，它的照射范围叫作光锥，照射范围以外的区域不会受到灯光的影响，如图 3.4.2 所示。

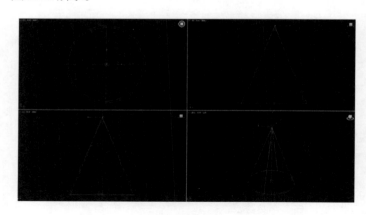

图 3.4.2 聚光灯

2. 泛光灯

泛光灯可以从一个无限小的点均匀地向所有方向发射光，泛光灯的主要作用是模拟灯泡、台灯等点光源物体的发

光效果，也常被当作辅助光来照明场景，如图 3.4.3 所示。

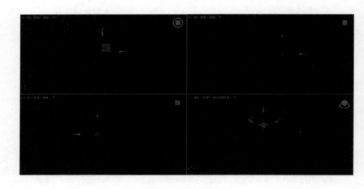

图 3.4.3 泛光灯

3. 平行光

平行光与聚光灯一样具有方向性和范围性，不同的是平行光会始终沿着一个方向投射平行的光线，因此它的照射区域是呈圆形而不是锥形的。平行光分为目标平行光与自由平行光两种，主要用途是模拟太阳光的照射效果，如图 3.4.4 所示。

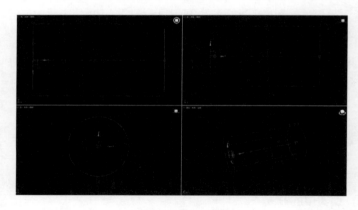

图 3.4.4 平行光

4. 天光

天光是一种用于模拟太阳光照射效果的灯光，它可以从四面八方同时对物体投射光线。场景中任意一点的光照都是通过投射随机光线，并检查它们是否落在另一个物体上或天穹上来

进行计算的。天光比较适合在室外建筑设计中使用，如图3.4.5所示。

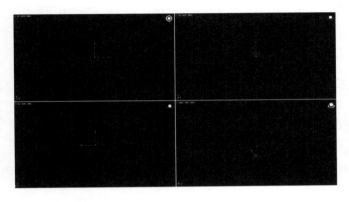

图 3.4.5 天光

5. 目标灯光

目标灯光位于创建面板灯光中的光度学灯光中，具有可以指向灯光的目标子对象。当添加目标灯光时，3ds Max 会自动为其指定注视控制器，且灯光目标对象指定为"注视"目标。3ds Max 中光度学灯光下的目标灯光通常用来制作室内设计的射灯效果，非常实用。它的特点是能够体现出较好的层次，如图3.4.6所示。

图 3.4.6 目标灯光

我们通常在前视图中拖曳鼠标左键自上而下地进行创建，并单击修改。可以在参数中勾选"启用阴影"复选框，并将方式设置为"VR 阴影"（VRayShadow），这样阴影的效果会比较柔和，也更加符合 VRay 渲染器的使用标准，减少灯光的不兼容性。

当阴影选择"VRayShadow"后，参数中就会多出一项"VRayShadows params"的卷展栏，用于控制"VRayShadow"的参数。在下方"VRayShadow"参数卷展栏中，勾选"区域阴影"复选框，可以让隐形边缘产生虚化，提升 U、V、W 三个方向的大小可以增加阴影虚化的程度。在制作的过程中，需要根据灯光的类型、大小、远近来适当调整该参数。

透明阴影：当灯光照射透明物体时，该参数决定了光线能否通过物体。

偏移：光线被跟踪计算阴影的偏移。

区域阴影：产生面积阴影的开关。开启后才能产生阴影虚化。

长方体：VRay 在计算物体阴影时，假定光线是由一个立方体发出的。

球体：VRay 在计算物体阴影时，假定光线是由一个球体发出的。

U 大小：光源的 U 轴方向尺寸。当激活"区域阴影"计算面积阴影时，VRay 才会将此参数载入进行计算。如果选择"球体"计算方式，U 大小相当于球体的半径。

V 大小：光源的 V 轴方向尺寸。（选择长方体计算方式时生效）

W 大小：光源的 W 轴方向尺寸。（选择长方体计算方式时生效）

细分：控制阴影的细分值。提升虚化和阴影质量。

如图3.4.7所示。

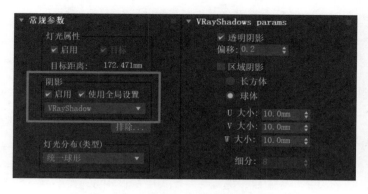

图 3.4.7 原生灯光中的 VRayShadow 模块

光度学中的目标灯光中比较贴合室内设计中的一个功能就是可以使用灯光分布,将灯光分布修改为"光度学(Web)"后会在下方弹出"分布(光度学 Web)"卷展栏,可以在其中添加 IES 光域网文件,从而模拟不同射灯在墙面上产生的洗墙造型,营造特定造型的灯光分布。通常在网络上可以找到多种 IES 光域网文件的素材资源。注意,每一种 IES 文件内部都包含了灯光的初始照度。所以每次修改完 IES 文件后需要再次调整灯光的强度参数。

目标灯光的基本参数就要看"强度 / 颜色 / 衰减"卷展栏,可以修改强度和颜色。通常我们在室内的人工光源中使用开尔文选项来修改灯光的颜色,比较好控制灯光的色彩且不容易偏色。室外的自然光和特殊场景中的特种灯光就可以考虑使用过滤颜色,通过调节 HSV 色彩面板来控制颜色,这样才能达到真实的效果。

灯光的强度分为三个单位,分别是 lm、cd、lx。

lm 即流明,光通量的单位。发光强度为 1 坎德拉(cd)的点光源,在单位立体角(1 球面度)内发出的光通量为

"1 流明"。所谓流明,简单来说,就是指蜡烛烛光在 1 m 以外所显现出的亮度。一个普通 40 W 的白炽灯泡,其发光效率大约是每瓦 10 lm,因此可以发出 400 lm 的光。40 W 的白炽灯 220 V 时,光通量为 340 lm。

cd 即坎德拉(candela),简称"坎",是发光强度的单位,国际单位制(SI)的 7 个基本单位之一。cd 是光源在给定方向上的发光强度,该光源发出频率为 540×1012 Hz 的单色辐射,且在此方向上的辐射强度为 1/683 瓦特 / 球面度。

lx 即勒克斯(lux,法定符号 lx),是照度(luminance)的单位。被光均匀照射的物体,在 1 平方米面积上所得的光通量是 1 lm 时,它的照度是 1 lx。适宜阅读和缝纫等的照度约为 500 lx。

勒克斯是引出单位,由流明(lm)引出。流明则由标准单位坎德拉(cd)引出。

三、光域网

光域网是灯光的一种物理性质,是光源在空间中分布的方式和形状。不同的灯具,由于自身的特性不同,其灯光的分布方式、形状也不同。不同的灯具生产厂家,对灯设置的光域网也不同,这种光域网的分布方式是根据特定的光域网文件来指定灯光亮度的分布情况。光域网文件一般是由灯具的制造厂商制定的,其主要的格式有 IES、LTLI 或 CIBSE 三种。

用好光域网,可以模仿出真实的灯光效果,给效果图增加灯光的细节。常用的光域网主要模仿筒灯、射灯、壁灯、台灯的发光效果,如图 3.4.8 所示。

图 3.4.8 光域网灯光效果

四、VRay 灯光

由于 3ds Max 中的灯光几乎没有面光源，且 VRay 渲染器中使用标准原生灯光完全不能兼容，所以在使用 VRay 渲染器制图的过程中尽量使用 VRay 灯光。

VRay 渲染器安装完成后，在创建面板的灯光面板中就会多出一个 VRay 灯光分类。该灯光类别中的所有灯光类型仅适用于 VRay 渲染器，不具备与绝大多数的其他渲染器的通用性。

1. VRay 灯光

VRay 灯光在某些汉化版本中未被翻译，记作 VRayLight。在创建面板中的灯光面板的 VRay 类别里可以选择创建。VRay 灯光可以从矩形或圆形区域发射光线，产生柔和的照明和阴影效果。VRay 灯光是 VRay 渲染器中最为常用的灯光，也同时弥补了 3ds Max 中缺失的面光源。

VRay 灯光类型包含平面灯、穹顶灯、球体灯、网格灯、圆形灯 5 种。

平面灯是 VRay 灯光中的核心功能，可以模拟绝大多数灯光。例如：标准的方形吸顶灯，办公室矿棉板吊棚的格栅灯，棚面造型灯槽中的矩形隐灯灯带，从户外进入室内的天光，以及个别区域需要进行补光的虚拟灯光。

穹顶灯通常用于模拟室外场景中的特殊天光，在一些户外的效果表现中常常用到。一般可以配合 HDR 贴图文件来进行环境照明，产生特定的户外环境照明效果。

球体灯通常用于表现灯泡类的光源。例如：床头灯上的灯珠，吊灯上的灯珠等。球体灯通常不会用过大的半径尺寸，其半径尺寸和灯光强度之间要进行互补。如果使用较大的半径尺寸，就需要调低灯光强度中的倍增，避免灯光过曝。

网格灯是 VRay 早期版本中没有的灯光类型，表面上网格灯在视口中是用一个方块来表现的。但实际上我们可以通过单击其参数中的"网格灯光"卷展栏"Pick Mesh"，即拾取网格来选取需要进行发光的三维实体，从而让普通的三维实体变成灯光，这也弥补了没有特殊三维造型灯光的不足。

圆形灯用于模拟一些局部照明的筒灯。例如：个别橱柜下方、早期的玄关柜开放格下方会布置圆形的小射灯，可以用圆形灯进行模拟。这种灯不能模拟筒灯、射灯在墙面上产生的洗墙效果。如果需要模拟棚面上的筒灯和射灯所产生的特定洗墙效果，需要使用VRayIES。

2. VRay太阳光

VRaySun能模拟物理世界中的真实阳光效果，是VRay渲染器绘图过程中模拟室外阳光的最佳途径，同时可以配合其配套的VRaySky环境贴图，营造相对真实的天空环境。

创建VRay太阳光与其他的灯光有所不同。会在拖曳创建结束之后弹出"是否要添加VRay天空环境贴图"。这是用于配合VRay太阳光的一个环境贴图。如果选择"是"，就会在环境中添加一张"VRay天空"，环境可以根据VRay太阳光的位移、角度、内部参数来进行变化。

启用：勾选此选项时，VRaySun就可以启用，在场景中起到照明的作用。

强度倍增：即灯光强度，是调节太阳光强弱的重要参数。和VRay灯光的参考值不同，强度倍增一般和"浊度"参数配合调整，"浊度"参数越大，太阳光就越暖、越暗。一般的倍增参数参考调整为0.03~0.1，每次调试波动不要太大，要反复尝试。

大小倍增：调节太阳的大小，数值越大，照到物体后投射的影子的虚化边缘就会越大。相当于阴影虚化的重要控制参数。这个参数的参考值一般为3~6。和VRay灯光的原理基本一样。

过滤颜色：为太阳光添加特定颜色的滤镜，通过调整HSV色彩来控制太阳光在场景中的照射颜色。通常不建议对过滤颜色进行调整，容易让VRay太阳光脱离真实太阳光色效果。过滤颜色可以通过下方的颜色模式进行选择，可以选择"过滤""直射""覆盖"。

天空模型：新版本中加入的天空环境选项，有"Preetham et al.""CIE清洗""CIE阴天""Hosek et al.""改进"5种。我们可以根据需要调整天空模型参数。如果室内空间有窗帘遮挡，则对该模型修改的意义不大。

浊度：即大气浑浊度，指空气的清洁度，也可以理解为天气预报中的空气质量等级，是VRay太阳光中控制光色的重要参数之一，数值越大阳光就越暖和。一般情况下，白天正午的时候数值为3~5，下午的时候数值为6~9，傍晚的时候数值可以到15。参数值调整范围为2~20。数值过大会导致画面像沙尘暴天气。阳光的冷暖也和自身与地面的角度有关，越垂直越冷，角度越小越暖。

臭氧：即臭氧浓度，该参数对阳光的冷暖有一定的影响，对VRay的天光也有影响，是VRay太阳光中控制光色的重要参数。数值范围为0~1，即臭氧浓度的百分比，数值越低则太阳光色越冷，数值越高太阳光色越暖。当"浊度"参数相对较低的时候，"臭氧"参数才有明显的作用。

阴影偏移：控制阴影偏移的距离，默认值为0.2。这个参数和3ds Max原生灯光的原理是一样的，保持默认值即可。

光子发射半径：对VRay太阳光本身大小的控制，对光没有影响。可以使用默认参数50 mm。

排除：通过该功能可以在选择框下选择照射或者不被照射的对象。

之前我们提到过VRay太阳光可以配合VRaySky环境贴图来进行使用，甚至产生联动来模拟太阳光的效果。它是VRay灯光中的一个重要的光照系统。当创建完VRay太阳光后，在3ds Max的环境菜单（快捷键8）中可以选择生成一张VRaySky环境贴图。我们将其以实例的形式拖曳至材质编辑器后可以看到 VRaySky 的参数。

指定太阳节点：勾选后可以让 VRaySky 环境贴图的色彩和强度随着太阳节点的方向和强度变化而变化，勾选后可以单击下方的无"（None）"按钮来选择场景中的 VRay 太阳光模型来进行联动。

太阳浊度：控制太阳光的浑浊度。

太阳臭氧：控制太阳的臭氧值，与 VRay 太阳光相互关联。

太阳强度倍增：控制天光的强度。

太阳大小倍增：与 VRay 太阳光相同，可以控制阴影的虚化程度。

当 VRay 太阳光与 VRaySky 联动后，在场景中移动 VRay 太阳光的位置，VRaySky 也会随之改变。可以在场景中随意地变化 VRay 太阳光的位置并在材质编辑器的材质球上观察 VRaySky 所产生的变化。这弥补了 3ds Max 只能使用环境色来进行户外场景渲染的不足。

想一想

1. 如果制作一个室内白天场景的效果图，都需要使用哪些灯光呢？

2. 使用什么样的灯光可以模拟暗藏灯带的发光效果？

任务实施

要求：根据企业设计项目的任务要求，分析场景内所有光源的布置点位和设置位置，使用 3ds Max 灯光或 VRay 灯光中的各种类

扫码看视频

灯光设置

型灯对室内场景进行布光，完成某家装室内设计项目最终场景的照明和装饰效果。

一、模型完整度检查

在摄影机放置之前，首先要对模型的完整度进行检查，查看上一步操作环节是否对场景产生破坏，每一步都有可能造成模型移动等误操作，一旦出现错位等问题，就容易引起模型漏光，不仅影响灯光参数设置，而且后续修改难度也极大，所以要细致检查。因此，打灯光前要检查模型贴合度是否理想，模型的摆放是否整齐，模型结构是否合理；检查是否有模型面交叠、破面等异常现象。如果有则需要提前进行修正。

其次要对导入的模型进行检查，查看是否有过于复杂的模型、材质等现象，如果有且模型尺寸比较小，可以将其隐藏，避免影响速度或出现问题。另外，还要检查导入的模型是否包含灯光，如果有带入的灯光，需要先对其进行测试，看是否对场景有较明显的影响。如果十分明显则建议先关闭或者直接删除，避免影响后续灯光创建时的效果和经验参数的调整。

最后要对放置灯光的结构进行检查，例如放置隐灯的灯槽，或者造型灯光的结构空间是否能够满足 VRay 灯光模型的放置，隐灯槽的位置是否会对灯光产生遮挡。如果没有问题再进行下一步的设置。

二、测试灯光用渲染参数设置

为了保证渲染测试的效率和制图的流畅度，将 VRay 渲染参数设置调整成低配参数，在降低渲染质量的同时可以大幅提高 VRay 渲染的速度。虽然质量有所下降，但是可以看到灯光是否过曝，灯光的色彩和强度是否合适。

按 F10 键调出"渲染设置"窗口，开始对各项参数进行设置。首先要确保使用的是 VRay 渲染器，否则后续所有的参数都与本文中提到的参数对不上。

"公共"标签栏：找到输出大小，将宽度和高度调整成较低的数值。这里我们推荐先将图像纵横比调整到合适的比例，再将右侧锁定。默认的图像纵横比是 1.33333，行业中也有使用 1.6、1.8、2.0 等比例。当锁定好图像纵横比后，场景中的摄影机构图也会产生变化，所以调整完该参数后要再次检查摄影机的构图是否正确。此外，锁定图像纵横比会让宽度和高度产生联动，修改宽度会让高度参数按照预设好的纵横比一并调整。

"V-Ray"标签栏：关于此标签栏的设置在行业中存在两种方法，一种倾向于采用传统的"渲染块"图像采样器，另一种倾向于采用"渐进式"图像采样器。这两种采样器各有特色。"渐进式"图像采样器可以快速地观察渲染结果，但是噪点控制需要自行判断，较难控制。"渲染块"图像采样器可以明确其渲染结束的程度和阶段，可以套用早期渲染灯光缓存和光子贴图保存法，提高渲染速度。

这里面我们以"渲染块"图像采样器为例来讲解。将"图像采样器"调整为"渲染块"后，"渲染块图像采样器"卷展栏就会出现，将其中的"最大细分"修改为 4，可以在降低渲染质量的同时提高渲染速度。

下方的"图像过滤器"卷展栏主要负责抗锯齿功能，在小图渲染过程中，暂时选择关闭，以达到提升速度的效果。

"环境"卷展栏中开启"GI 环境"，默认强度为 1。该选项可以让空间适当变亮，提供一个基础的天光环境效果。

"GI"标签栏：主要控制全局间接照明效果，开启 GI 后，光线才会进行反射，达到真实的效果。这里我们勾选"启用 GI"来开启 GI。将"主要引擎"修改为"发光贴图"，将"辅助引擎"修改为"灯光缓存"。该引擎组合是从早期版本延续下来的速度较快的渲染引擎组合，在早期版本中也有被翻译为"首次反弹引擎"和"二次反弹引擎"。在灯光测试渲染中也可以开启"环境光阻 AO"，不会影响过多的渲染虚度，还会增加细密造型部分的光影真实度。

当修改完主要引擎和辅助引擎后，下方会出现"发光贴图"和"灯光缓存"卷展栏。我们可以在这两个卷展栏中调整主要引擎和辅助引擎的具体参数。

"发光贴图"卷展栏：修改"当前预设"为"低"或"非常低"，"细分"值和"插值采样"值也可以适当降低，以提高渲染速度。勾选"显示计算相位"可以在渲染的第二阶段观察到发光贴图的渲染过程，提前预览一个模糊的渲染结果。一旦出现灯光过曝等严重问题，可以及时止损，提前关闭。

"灯光缓存"卷展栏："细分"选项调整为相对较低的值，这里在 100~400 均可，数值越低，速度越快。勾选"显示计算相位"可以在渲染的第一阶段观察到灯光缓存的渲染过程，提前预览一个模糊的渲染结果。避免灯光过曝，提前止损。灯光缓存的显示计算相位相比发光贴图在成图的渲染过程中更有用途。在灯光缓存"细分"值不太低的时候，能够得到较完整的预览画面。过低的灯光缓存将会看不到明确的预览结果。

"设置"标签栏：可以将"日志窗口"改为"从不"，以减少弹窗日志对渲染测试的影响，不过这样会看不到渲染器中的英文警告和错误提示。可以根据需要自行选择。

3ds Max 数字创意表现

106

三、创建场景灯光并逐个测试

模型检查完毕后就可以开始对灯光进行创建了。关于灯光创建的原则与思路在行业中分为多种流派，甚至每个设计师或绘图员都对灯光有独到的见解。这里我们采用比较通用、普遍的方式和思路来制作卧室效果图。

我们按照有光的位置创建灯光的基本思路来创建室内外灯光，例如：天光、隐光、射灯、床头壁灯等。首先创建户外天光。开启环境面板（按快捷键8），将环境设置为天蓝色。此时，室外会呈现出蒙蒙亮的基础 GI 光照效果，如图 3.4.9 所示。

图 3.4.9 开启环境面板的背景参数的测试效果

GI 环境光源也可以通过按 F10 键，调出"渲染设置"窗口，找到"V-Ray"标签栏中的"环境"卷展栏，开启"GI 环境"来创建。可以将此处的颜色复制给环境窗口，让两者颜色保持一致。"GI 环境"与环境颜色不同，只会提供天光照明，而不会提供环境背景。这两个选项的颜色尽量在白天场景中使用。

在窗户外创建 VRay 灯光，模拟室外天光进入场景。这里我们使用 VRay 灯光中的平面灯，长宽尺寸不要小于窗户的尺寸。在参数中调整"倍增"为 4（参数为参考值，会受到灯光尺寸影响，根据实际情况进行调整）。颜色可以使用"GI 环境"中的天蓝色，如果调整不好可以将"温度"设置到大约 8000 K 的色彩。勾选选项中的"不可见"，让窗户露出户外的场景，避免 VRay 灯光灯片的遮挡。取消"影响高光""影响反射"，避免被光泽物体材质反射出来。

如果不开启环境中的颜色，即环境为黑色，会造成室内场景有天光进入的感觉。该方法适用于以后在窗外放虚拟外景板的情况。

天光打完之后，就要开始对室内灯光进行创建和放置了。首先我们放置隐灯。隐灯起不到太多的照明效果，对场景影响较小，所以先打隐灯有助于对灯光参数是否合适进行判断。

放置 VRay 灯光，创建成长条状，注意灯光尺寸和造型要和灯槽相互吻合，灯光尺寸不要超出灯槽尺寸，因为有可能导致意想不到的灯光错误。灯光尽量贴合灯槽底部。

先创建其中一盏 VRay 灯光，调整完参数后进行实例复制，提高作图效率，后续调整参数也方便。对于不同长度的灯光可以使用缩放工具进行调整，这样调整的灯光大小不会造成尺寸数值的变化，也就不会对灯光强度造成影响。

将灯光的"倍增"调整为 1，"模式"改为"温度"，"温度"调整为 4000 K 左右（参数根据场景需要表达的效果来决定，如需光色变暖则降低温度数值，如需光色变冷则提高温度数值）。尽量勾选"不可见"选项，避免灯光放置位置不精确，露出灯片的黑色背面。设置完参数后进行测试渲染。

创建完隐灯后可以开始创建室内的筒灯，我们要尽量在室内每个筒灯模型下方创建灯光，模拟场景中的筒灯效果。

这里使用3ds Max原生灯光光度学灯光中的"目标灯光"，这也是相对传统和稳定的做法。尽量在前视图或者左视图中先创建一个"目标灯光"，这样可以方便地将目标和灯光连线垂直地与地面放置。

修改目标灯光参数，勾选阴影中的"启用"，将阴影类型选择为"VRayShadow"。"灯光分布（类型）"选择"光度学 Web"。"分布（光度学 Web）"卷展栏中添加一个适合的 IES 光域网文件（这里的 IES 文件素材效果各异，能够满足场景照明的需要，可参考素材索引或缩略图后自行试验）。更换 IES 光域网文件后要配合下方的灯光强度来进行测试，否则每个 IES 文件照度可能都不适合。

灯光的颜色使用"开尔文"，修改为 4500K，根据需要来小幅度调整。强度参数需要成倍调整并渲染查看。

"VRayShadows Params"卷展栏需要勾选"区域阴影"，U、V、W 三个方向的大小调大一些，这里设置成 40 左右。

调整完参数后，进行灯光渲染测试，得到如图 3.4.10 所示效果后就基本满足场景照明要求了。也可以根据场景设计表现的需要自行进行微调。

最后创建床头壁灯，这里使用"VRay 灯光"中的"球形灯"类型，摆放在场景中。修改 VRay 灯光球形灯的参数，"半径"根据灯罩模型的尺寸调整，这里大约为 54 mm。"倍增"调整为 10（根据球形灯的半径进行联合调整）。"模式"修改为"温度"，并将温度调整为 4500 K。在这里，选项中的"不可见"可以先不勾选，测试后看效果再决定是否需要调整。

图 3.4.10 卧室效果图灯光渲染效果

四、场景灯光整体测试

正常来说每一个灯光创建后都要进行一次灯光测试，以避免某一个或某一组灯光参数不理想影响了其他灯光参数的调节。

我们现在可以适当地提高渲染设置中的渲染尺寸、灯光缓存细分值、发光贴图预设值来进行场景整体灯光的测试，查看某些灯光是否有问题。

> **注 意**

卧室场景灯光的创建是一个复杂的过程，需要耐心和细致的工作态度。通过反复的渲染，观察图面效果，调整灯光参数，让场景的效果达到设计的要求。这个过程比较漫长，一方面，渲染需要时间，越是复杂的场景渲染耗时越长；另一方面,灯光的效果不是一次就能达到要求的,需要反复调试,不同的场景灯光的参数也不一样,除了具备效果图的制作经验外，更多的是需要耐心和细致。

3ds Max 数字创意表现 实训任务单

项目名称	项目 3　卧室场景制作	任务名称	任务 4　卧室场景灯光设置
任务学时	10 学时		
班　　级		组　　别	
组　　长		组　　员	
任务目标	1. 能够在卧室场景内使用 VRay 灯光的方式，创建次卧室场景外的天光； 2. 能够在卧室场景内使用 VRay 灯光的方式，创建次卧室场景内的隐灯光； 3. 能够在卧室场景内使用 VRay 灯光的方式，创建次卧室场景内的床头装饰灯光； 4. 小组成员具有团队意识，能够合作完成任务； 5. 能够对自己所做卧室场景灯光创建的过程及效果进行陈述		
实训准备	预备知识：1. 界面基本设置方法；2. 三维模型创建基本工具的使用方法；3. 工具栏中常规工具的使用方法。 工具设备：图形工作站电脑、A4 纸、中性笔。 课程资源："3ds Max 数字创意表现"在线课——智慧树网站链接： https://coursehome.zhihuishu.com/courseHome/1000062541#teachTeam		
实训要求	1. 熟悉 3ds Max 灯光的基本知识和具体参数； 2. 掌握 VRay 灯光的基本知识和具体参数； 3. 根据提供的场景模型，能够完成场景内灯光的创建； 4. 认真查看住宅平面布置图，小组集体讨论次卧室场景灯光工作计划； 5. 旷课两次及以上者、盗用他人作品成果者单项任务实训成绩为零分，旷课一次者单项任务实训成绩为不合格		
实训形式	1. 以小组为单位进行次卧室灯光创建的任务规划，每个小组成员均需要完成次卧室模型的灯光创建实训任务； 2. 分组进行，每组 3~6 名成员		
成绩评定方法	1. 总分 100 分，其中工作态度 20 分，过程评价 30 分，完成效果 50 分； 2. 上述每项评分分别由小组自评、班级互评、教师评价和企业评价给出相应分数，汇总到一起计算平均分，形成本次任务的最终得分		

3ds Max 数字创意表现 实训评价单						
项目名称	项目 3　卧室场景制作	**任务名称**	任务 4　卧室场景灯光设置			
班　级		**组　别**				
组　长		**组　员**				
评价内容	评价标准		小组自评	班级互评	教师评价	企业评价
工作态度 **(20分)**	1. 出勤：上课出勤良好，没有无故缺勤现象。(5分)					
	2. 课前准备：教材、笔记、工具齐全。(5分)					
	3. 能够积极参与活动，认真完成每项任务。(10分)					
过程评价 **(30分)**	1. 能够制订完整、合理的工作计划。(6分)					
	2. 具有团队意识，能够积极参与小组讨论，能够服从安排，完成分配的任务。(6分)					
	3. 能够按照规定的步骤完成实训任务。(6分)					
	4. 具有安全意识，课程结束后，能主动关闭并检查电脑及其他设备电源。(6分)					
	5. 具有良好的语言表达能力，能够有效进行团队沟通。(6分)					
完成效果 **(50分)**	1. 模型检查部分 (10分)	(1) 系统单位设置准确。(2分)				
		(2) 模型无破面。(3分)				
		(3) 模型无错面。(2分)				
		(4) 模型分段均匀。(3分)				
	2. 灯 光 创 建 (20分)	(1) 环境 GI 等参数无问题。(4分)				
		(2) 窗外天光创建无问题。(4分)				
		(3) 隐灯的创建无问题。(4分)				
		(4) 筒灯的创建无问题。(4分)				
		(5) 床头灯的创建无问题。(4分)				
	3. 测 试 渲 染 (20分)	(1) 灯光测试渲染参数无问题。(5分)				
		(2) 场景的灯光测试渲染出图无问题。(15分)				
总得分（100分）						

任务 5

卧室场景效果图渲染设置

任务解析

卧室场景效果图渲染是整个环节最后的步骤，可以通过该渲染得到最终的效果图，基本流程包括渲染前检查、调整参数和渲染保存三个部分，如图 3.5.1 所示。

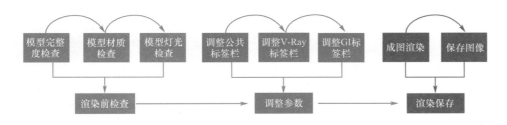

图 3.5.1 效果图渲染流程图

1. 渲染前检查

在效果图渲染前，需要进行前期的模型检查。打开前期模型墙体建模、墙面造型建模、棚面造型建模，检查是否完成建模，材质是否完成，灯光布置是否正常。整个效果可以通过灯光测试渲染来完成。

2. 调整参数

调整 VRay 渲染器的渲染参数，可以将原来的小图参数转换为大图参数，最终完成大图的渲染。行业内有人为了提升效果图的渲染速度，使用小图参数渲染光子图和发光贴图的文件并在大图渲染中进行使用，以提升最终效果图的渲染速度。

3. 渲染保存

最终渲染是整个项目的最后一步，耗时非常长，且计算机基本上不能够参与其他的工作，需要等待漫长的时间才能结束。尽量保证计算机不会自动休眠、自动睡眠，并关闭屏幕保护程序，关闭其他消耗计算机资源的程序，从而保证成图渲染的全速运行。

在渲染结束后可以在帧缓冲区（渲染窗口）中完成图片的保存。在保存出来的图片上可以进行后期处理。而项目文件可以通过菜单中的"文件"→"归档"进行最终的文件收集工作。

知识链接

一、VRay 效果图渲染参数

VRay 效果图的渲染参数与灯光测试渲染参数有所不同，通过修改多个参数可以大幅提升 3ds Max 与 VRay 最终的渲染质量，但代价是渲染速度会大幅降低。

按 F10 键可以调出"渲染设置"窗口。在"公共"标签栏修改"输出大小"选项，其中的渲染图像的尺寸要稍大一些，这里调整到 3200×2000 的 1.6 图像纵横比的参数。这里可以根据自己需要的图像纵横比来调整最终的渲染尺寸，图像纵横比要和灯光测试渲染时保持一致，避免出现图像比例变化后漏出未检查到错误的模型图像。

在"V-Ray"标签栏中，依旧保持使用"渲染块"的图像采样器，"渲染块"图像采样器的最大细分值可以适当调大，这里设置为 24。"图像过滤器"设置为开启，用来启用抗锯齿功能，提供抗锯齿功能的"图像过滤器"有多重选项可供选择。早期常用的有"Catmull-Rom""Mitchell-Netravali"，也有人使用新版本中加入的"VRayLanczosFilter"过滤器。其中，"Catmull-Rom"过滤器相比"Mitchell-Netravali"过滤器渲染的图像在斜线线条抗锯齿等角度上更加锐利一些。其他的选项依旧保持与灯光测试渲染时一致。

在"GI"标签栏中，首先要保持原有灯光测试渲染的一些参数。例如："启用 GI"，"发光贴图"的主要引擎和"灯光缓存"的辅助引擎。

"发光贴图"卷展栏中，需要把当前预设调整为"中"以上。同时，为了提升画面质量可以适当提高"细分"值和"插值采样"值。"显示计算相位"等其他选项要保持不变。"灯光缓存"卷展栏中，需要把"细分"值调高。这里设置为 1000，建议在 800~2000。"显示计算相位"等其他选项要保持不变。

这里值得一提的是"发光贴图""灯光缓存""全局光照"等卷展栏中都有"标准"按钮，单击后就可以在"默认""高级""专家"模式之间进行切换。不同的模式切换会导致卷展栏中可设置的参数选项数量略有不同。我们在这里建议打开第一个"全局光照"卷展栏的"专家"模式，会出现"饱和度""对比度""环境光阻（AO）"等选项，可以适当调整这些选项以达到美化的效果。

"RenderElements"卷展栏，也称为"渲染元素"卷展栏，在这里可以添加各式各样的特殊渲染选项。例如：我们可以在成图的渲染中添加"VRay 渲染 ID"选项，并在下方进行启用。我们在渲染的时候可以在帧缓冲区（渲染窗）的左上角找到一个下拉菜单，在里面可以选择"VRay 渲染 ID"选项，从而得到颜色多样的渲染通道图。该图像可用于后期图像处理。

二、效果图渲染技巧

在行业中，很多专业人士的经验可以提升成图渲染的速度。虽然这些方法有效，但是是否有"副作用"仍旧无人考证。这里对这些技巧简单进行介绍。

首先是读取"灯光缓存"与读取"发光贴图"法。该方法的主要思路是将小尺寸、低质量的灯光测试渲染图，或者高质量的小尺寸渲染图，在渲染结束后将其"发光贴图"与"灯光缓存"进行保存，以便于在成图渲染前进行读取，可以快速跳过灯光缓存和发光贴图的渲染环节，直接进入最终"图像采样器"的图像渲染环节。这种方法利用小尺寸图像渲染速度快的特性，使用小尺寸图像的渲染结果来渲染大尺寸图像。这种方法对成图的渲染质量是否有影响，尚无定论。在实际测试过程中，该方法不会造成明显的质量下降，值得尝试。

在"发光贴图"和"灯光缓存"卷展栏中分别可以看到"保存"按钮。在灯光测试环节结束后，分别单击两个"保存"按钮，将"发光贴图"和"灯光缓存"的计算结果保存下来。其中，"发光贴图"的渲染结果为 vrmap 文件，"灯光缓存"

的渲染结果为 vrlmap 文件。后续要用到，不要弄混。

此时在灯光测试结束后，千万不要切换到其他视图，否则会因为最终图像与小尺寸图像的"发光贴图""灯光缓存"结果对应不上，导致图像无光照，灯光错误。

在效果图渲染的过程中，将"发光贴图"和"灯光缓存"卷展栏中的模式修改为"从文件"。在下方或者从弹出的对话框中选择事先保存的 vrmap 文件和 vrlmap 文件。其他标签栏中的参数均调整成大图参数，就可以快速地跳过"灯光缓存"和"发光贴图"的渲染过程，直接进入最终的"图像采样器"渲染环节，提升效果图渲染速度。

图 3.5.2 "公用"标签栏参数设置

在"V-Ray"标签栏中，"图像过滤器"设置为开启，"图像过滤器"选择"Catmull-Rom"，如图 3.5.3 所示。

任务实施

扫码看视频

成图渲染设置

要求：根据企业设计项目的任务要求，使用 3ds Max 及 VRay 效果图渲染参数，完成某家装室内设计项目最终效果图的渲染。

一、模型完整度检查

在效果图渲染前，需要进行前期的模型检查。打开前期模型墙体建模、墙面造型建模、棚面造型建模，检查是否完成建模，材质是否正常且完成，灯光布置是否正常且参数正确。检查完毕后利用整体场景中的摄影机视图进行灯光测试渲染，完成最终渲染前的渲染效果检查。

二、调整效果图渲染参数

按 F10 键，调出"渲染设置"窗口。在"公用"标签栏修改"输出大小"选项为 3200×2000，图像纵横比为 1.6，如图 3.5.2 所示。

图 3.5.3 "图像过滤器"设置

在"GI"标签栏中，"发光贴图"卷展栏中，把"当前预设"调整为"中"以上；"灯光缓存"卷展栏中，把"细分"值调为 1000，如图 3.5.4 所示。

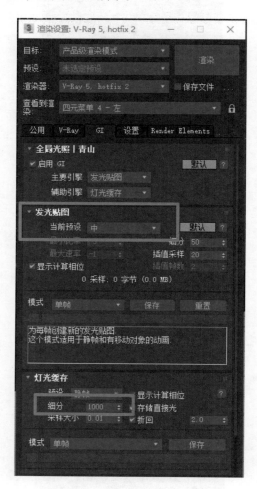

图 3.5.4 "GI"标签栏设置

将"全局光照"卷展栏修改为"专家"模式。开启"环境阻光（AO）"选项，并调整到适合的参数，如图 3.5.5 所示。

图 3.5.5 开启"环境光阻（AO）"选项

在"Render Elements"卷展栏添加"VRay 渲染 ID"选项，以便在渲染效果图时同步生成渲染通道，方便效果图的后期处理，如图 3.5.6 所示。

图 3.5.6 添加"VRay 渲染 ID"选项

三、最终图像渲染

关闭"渲染设置"窗口，选中摄像机视图，按 Shift+Q 组合键或者 F9 键进行渲染。接下来，就需要等待漫长的时间。根据图像的复杂度和计算机的性能，渲染时间不定。在一些特殊复杂场景或较复杂的模型、材质中，高质量、大尺寸图像的渲染时长通常会达到 5~10 小时，甚至超出一天。

在渲染的过程中不要进行过多的操作，并关闭其他无用软件，结束多余进程。观察帧缓冲区的渲染块是否完成一圈圈的渲染计算。右侧的渲染进度条完全结束且帧缓冲区的渲染块完全消失就是渲染完成的时间。

单击帧缓冲区的"保存"按钮，或者选择"文件"的"保存当前通道"，将最终渲染结果保存到指定的路径中。保存时格式尽量选择 TIFF 格式或者 PNG 格式，避免使用 JPEG 格式以免对最终图像压缩过重，导致图像质量严重受损。该特性在早期版本中非常明显。TIFF 格式和 PNG 格式在保存时选择默认参数即可。

将帧缓冲区左上角切换成"VRay 渲染 ID"，单击右侧的"保存"按钮，将通道图进行保存，以便在 Photoshop 中进行后期处理。

在 Photoshop 中将最终渲染图像和通道图同时导入，选择"魔棒工具"就可以在通道图上选择想要后期处理的物体轮廓，切换至最终渲染图像的图层，就可以进行物体的后期处理了。

我们可以在 Photoshop 中简单地进行图像的后期处理，例如：调整亮度、对比度、饱和度、锐化等操作。

最后，在 3ds Max 的"文件"菜单中选择"归档"，将整个场景的项目文件保存到自己预设的位置。3ds Max 会将 Max 项目文件、贴图、IES 光域网整合到一个压缩包中，以便后续查看。

注 意

渲染是在 3ds Max 中效果图制作的最后一个环节，到这一步意味着我们前期所做的建模、材质、灯光等大量工作已经开始收尾。但是这个阶段也是比较烦琐的，渲染往往会结合灯光参数的调整而反复进行，时间也比较长，因此更多的是需要耐心和细致，尽量把工作做到尽善尽美。

有些场景比较大，模型比较多，如果都渲染的话，会非常慢。由于摄影机的视角是有范围的，我们可以把场景中摄影机范围之外的模型隐藏起来，这样会提高渲染效率。

在渲染时，还需要注意材质的溢色问题。这个情况多出现在室内，在深色材质和浅色材质搭配渲染的时候，浅色材质会出现严重的偏色，如白色墙面和木色地板一起渲染，白色墙面会偏黄。因此，需要将深色材质加入"VRay 材质包裹器"以减小对周围环境的影响。

3ds Max 数字创意表现 实训任务单

项目名称	项目3 卧室场景制作	任务名称	任务5 卧室场景效果图渲染设置
任务学时		2 学时	
班　　级		组　　别	
组　　长		组　　员	

任务目标	1. 能够在卧室场景内完成场景的效果图渲染； 2. 能够完成场景的归档保存工作； 3. 能够对后期图片进行简单处理； 4. 小组成员具有团队意识，能够合作完成任务； 5. 能够对自己所做卧室场景效果图渲染、归档及后期处理的过程及效果进行陈述
实训准备	预备知识：1. 界面基本设置方法；2. 三维模型创建基本工具的使用方法；3. 工具栏中常规工具的使用方法。 工具设备：图形工作站电脑、A4 纸、中性笔。 课程资源："3ds Max 数字创意表现"在线课——智慧树网站链接： https://coursehome.zhihuishu.com/courseHome/1000062541#teachTeam
实训要求	1. 熟悉 3ds Max 效果图渲染的流程和具体参数； 2. 掌握 3ds Max 项目文件归档的方法； 3. 根据成图的渲染，能够进行简单的后期处理； 4. 查看成图渲染场景，小组集体讨论次卧室场景效果图渲染工作计划并归档提交； 5. 旷课两次及以上者、盗用他人作品成果者单项任务实训成绩为零分，旷课一次者单项任务实训成绩为不合格
实训形式	1. 以小组为单位进行 3ds Max 2020 效果图渲染的任务规划，每个小组成员均需要完成 3ds Max 2020 效果图渲染的实训任务； 2. 分组进行，每组 3~6 名成员
成绩评定方法	1. 总分 100 分，其中工作态度 20 分，过程评价 30 分，完成效果 50 分； 2. 上述每项评分分别由小组自评、班级互评、教师评价和企业评价给出相应分数，汇总到一起计算平均分，形成本次任务的最终得分

3ds Max 数字创意表现 实训评价单

项目名称	项目 3 卧室场景制作			任务名称		任务 5 卧室场景效果图渲染设置			
班　级				组　别					
组　长				组　员					
评价内容	评价标准					小组自评	班级互评	教师评价	企业评价
工作态度 (20分)	1. 出勤：上课出勤良好，没有无故缺勤现象。(5分)								
	2. 课前准备：教材、笔记、工具齐全。(5分)								
	3. 能够积极参与活动，认真完成每项任务。(10分)								
过程评价 (30分)	1. 能够制订完整、合理的工作计划。(6分)								
	2. 具有团队意识，能够积极参与小组讨论，能够服从安排，完成分配的任务。(6分)								
	3. 能够按照规定的步骤完成实训任务。(6分)								
	4. 具有安全意识，课程结束后，能主动关闭并检查电脑及其他设备电源。(6分)								
	5. 具有良好的语言表达能力，能够有效进行团队沟通。(6分)								
完成效果 (50分)	1. 模型检查部分 (10分)	(1) 系统单位设置准确。(2分)							
		(2) 模型无破面。(3分)							
		(3) 模型无错面。(2分)							
		(4) 模型分段均匀。(3分)							
	2. 效果图渲染部分 (30分)	(1) 效果图渲染参数无问题。(8分)							
		(2) 效果图渲染无问题。(18分)							
		(3) 效果图后期处理无问题。(4分)							
	3. 效果图保存 (10分)	(1) 归档无问题。(5分)							
		(2) 文件名命名无问题。(5分)							
总得分 (100分)									

任务 6

卧室场景效果图后期处理

任务解析

卧室场景的效果图后期处理，基本流程包括材质通道渲染、渲染效果图和材质通道图合并、调整效果图材质和色调等几个步骤，如图 3.6.1 所示。

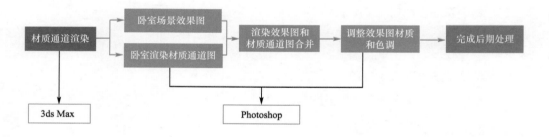

图 3.6.1 效果图后期处理流程图

1. 卧室效果图后期处理前准备

在进行卧室效果图后期处理前，需要在 3ds Max 中调用渲染 ID，同时渲染出卧室场景效果图和材质通道图，并将卧室场景效果图和卧室材质通道图在 Photoshop 中合并到一个文件中，以便后期继续调整。在后期处理前，分析原场景效果图存在的问题，给出后期处理的解决方案。

2. 卧室效果图后期处理

根据前期对卧室场景效果图的后期处理解决方案，逐步调整效果图中材质、色调，使卧室场景效果图能够更接近设计意图，更具有设计表现效果。

3. 卧室效果图后期处理要求

（1）3ds Max 中渲染材质通道必不可少，而且效果图和通道图渲染的尺寸一定要一致，不能有偏差。

（2）要根据设计方案的要求及卧室本身的特点进行后期处理。

知识链接

一、后期处理的概念

电脑效果图的后期处理，就是对 3ds Max 渲染出来的效果图进行调整和修改，在一定程度上解决渲染中不能实现的效果，使表现的效果更完美，设计表现力更强，以求更好地达到方案设计的目标。

二、后期处理的原则

1. 遵循设计方案的原则

室内设计方案是整个室内空间项目进行装修设计和施工的前提，也是制作电脑效果图的基础，效果图中的整体色调和效果要根据设计方案来进行。效果图的后期处理也是一样，要服从设计方案的整体，按照设计方案的要求进行。

2. 遵循配色规律的原则

室内空间的色彩，主要是由装饰材料来体现的。虽然装饰材料种类、颜色繁多，但在室内空间的色彩搭配，也要符合色彩构成的规律，不能随意堆砌。在效果图的后期处理中，要突出空间色彩的统一整体感及审美趣味。

3. 遵循审美原则

审美观是客观事物给人心理上的愉悦情感。效果图反映设计方案，也反映普遍的审美观，即我们做的方案效果图，要符合大多数人的审美，被大多数人所认同，这样的设计方案才能被接受。效果图的后期处理也同样需要遵循这个审美观，要体现设计方案积极的美感。

4. 遵循保留细节的原则

效果图中的细节，真实反映着设计细节，是设计方案中的重要元素，是体现设计意图的重要手段。在进行效果图后期处理时，对效果图中能体现设计特点的部分尽量不做过多修改。

三、后期处理的主要工具

效果图的后期处理主要使用 Photoshop 来进行。Adobe Photoshop，简称"PS"，是由 Adobe Systems 公司开发和发行的图像处理软件。Photoshop 主要用来对图像进行合成、编辑、调色及特效制作。如图 3.6.2、图 3.6.3 所示。

图 3.6.2 Photoshop 启动界面

图 3.6.3 Photoshop 工作界面

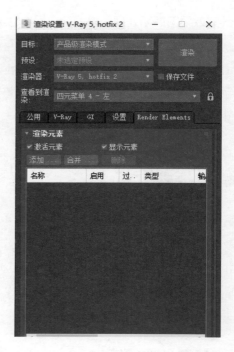

图 3.6.4 打开 "Render Elements" 标签栏

任务实施

扫码看视频

效果图后期处理

要求：根据企业设计项目的任务要求，完成某家装室内设计项目次卧室场景效果图的后期处理。

一、3ds Max 材质通道渲染

在 3ds Max 中，渲染通道图的目的是后期能够便捷地处理效果图，弥补成图的不足。我们渲染的成图难免会有一些问题，比如场景空间中局部曝光不足，或者某个模型材质表现不够细腻等。因此，在渲染效果图成图的同时，我们还需要渲染通道图。

打开"渲染设置"窗口，单击"Render Elements"标签栏，在下方"渲染元素"卷展栏中，单击"添加"按钮，在弹出的"渲染元素"对话框中，选择"VRay 渲染 ID"，将它添加到"渲染元素"卷展栏中，然后单击"渲染"按钮，将效果图和材质通道图进行同步渲染。如图 3.6.4~ 图 3.6.6 所示。

图 3.6.5 选择 "VRay 渲染 ID"

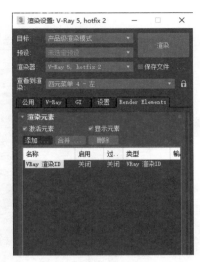

图 3.6.6 将 "VRay 渲染 ID" 添加到 "渲染元素"
卷展栏板中

二、分析卧室场景效果图

1. 打开卧室场景效果图和材质通道图

在 Photoshop 界面，单击菜单栏中的 "文件" → "打开"，打开刚才渲染的卧室场景效果图和材质通道图。如图 3.6.7、图 3.6.8 所示。

图 3.6.7 卧室场景效果图

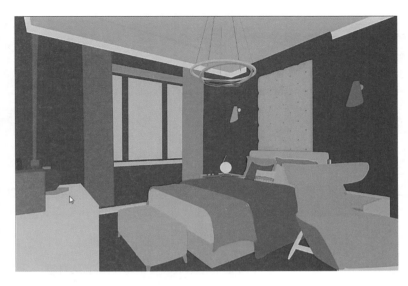

图 3.6.8 卧室材质通道图

2. 分析卧室场景效果图

在进行卧室场景效果图后期处理前，首先要分析一下原有效果图的情况，便于后续工作的开展。卧室场景效果图在 3ds Max 中渲染后，整体效果比较真实，但是存在一定的问题：

（1）墙面、床、窗帘等模型上缺少相关贴图。

（2）效果图整体比较灰暗，视觉冲击力较差。

针对上面的问题，我们对卧室场景效果图进行后期处理。

3. 合并卧室场景效果图和材质通道图

首先切换到材质通道图界面，用 "移动工具"，将材质通道图移动到效果图界面，关闭材质通道图。然后在场景效果图界面，调整材质通道的图层不透明度为 50%，使材质通道图层变成半透明状态，接着移动材质通道图，与场景效果图图层进行重合。如图 3.6.9、图 3.6.10 所示。

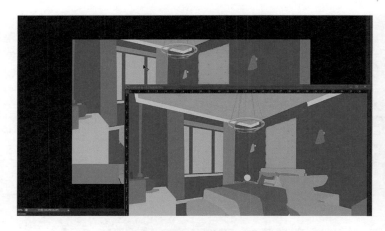

图 3.6.9 将材质通道图移动到场景效果图界面

图 3.6.10 将材质通道图与场景效果图进行重合

当两个图层的位置对齐后，将材质通道图层的不透明度设置为 100%。完成卧室效果图后期处理的前期准备工作。

为了方便后面的操作，将复制的花布纹贴图图层进行合并，将它们合并为一个图层。方法为：在右边的图层上按住键盘上的 Ctrl 键，选择所有复制的花布纹贴图图层，按 Ctrl+E 组合键进行合并。保持选中在刚才合并的花布纹贴图图层，按 Ctrl+T 组合键，进行自由变换，再按住键盘上的

Ctrl 键，调整花布纹贴图的透视角度，与窗帘一致。调整完毕后，单击上方工具选项栏的"提交变换"按钮进行确认。如图 3.6.11 所示。

图 3.6.11 调整花布纹贴图的透视角度

单击花布纹贴图图层左侧的眼睛，将该图层隐藏。切换到材质通道图图层，选择工具栏中的"魔棒工具"，并在工具选项栏上勾选"连续"，单击左侧窗帘的材质通道颜色，出现被选中的选区。如图 3.6.12 所示。

图 3.6.12 用"魔棒工具"画出窗帘的选区

接下来，隐藏材质通道图图层，显示花布纹贴图图层，并将花布纹贴图图层切换为当前图层。由于花布纹贴图的面积大于窗帘的选区，我们要将花布纹贴图多余的部分删除。单击菜单栏中的"选择"→"反选"，该命令的组合键为 Shift+Ctrl+I，将窗帘的选区进行反向选择，然后按键盘上的 Delete 键将花布纹贴图多余的部分删除，并按组合键 Ctrl+D 取消选择。如图 3.6.13~ 图 3.6.16 所示。

图 3.6.15 反选后的选区变化

图 3.6.13 显示花布纹贴图图层

图 3.6.16 删除花布纹贴图多余的部分

保持花布纹贴图图层为当前图层，单击右侧图层面板的"图层设置混合模式"，在下拉菜单中选择"柔光"，花布纹贴图就会融到窗帘中，和窗帘原来的纹理完美结合。但是当前的窗帘纹理比较暗，可以再复制一层花布纹贴图图层，这样窗帘的花纹效果就明显多了。如图 3.6.17~ 图 3.6.19 所示。

图 3.6.14 对选区进行反选

图 3.6.17 在"图层设置混合模式"中选择"柔光"

图 3.6.18 将花布纹贴图与窗帘纹理结合

图 3.6.19 复制花布纹贴图图层

用同样的方法，将右侧窗帘也贴上花布纹贴图。如图 3.6.20 所示。

图 3.6.20 将右侧窗帘贴上花布纹贴图

3ds Max 数字创意表现

将效果图所在的图层再复制一个,这时可以增加效果图的对比度和清晰度,视觉冲击力也更强。如图 3.6.21 所示。

图 3.6.21 复制效果图图层的效果

效果图制作是一个需要综合运用多个软件的工作,因此我们要掌握多个设计软件的使用技能:除了熟练掌握 3ds Max 和 VRay 软件的效果图制作技能之外,还要熟悉 Photoshop 的使用技能,这样我们在工作中才能够快速适应不断变化的设计趋势。在使用 Photoshop 进行效果图后期处理时,最重要的就是对图层的熟练使用。我们将原始效果图导入 Photoshop

效果图中床单的贴图也采用一样的方法,通过选取材质通道图层的床单部分,将不同的床单贴图加到床单的位置。如图 3.6.22 所示。

图 3.6.22 卧室效果图调整后的效果

后,建议复制一个原始效果图的图层作为备份,如果后期处理效果不理想,可以调用备份的图层进行处理,制作效率会更高。另外,需要灵活掌握"图层设置混合模式"的设置方法,根据不同的图层制作需要,设置不同的模式,以达到画面效果。

3ds Max 数字创意表现 实训任务单

项目名称	项目 3　卧室场景制作	任务名称	任务 6　卧室场景效果图后期处理
任务学时	2 学时		
班　　级		组　　别	
组　　长		组　　员	
任务目标	1. 能够用 3ds Max 渲染材质通道图； 2. 能够用 Photoshop 调整场景效果图色调； 3. 能够用 Photoshop 为场景更换材质； 4. 小组成员具有团队意识，能够合作完成任务； 5. 能够对自己所做卧室场景后期处理的过程及效果进行陈述		
实训准备	预备知识：1.3ds Max 效果图渲染设置方法；2.Photoshop 基本工具的使用方法； 　　　　　3.Photoshop 工具栏中常规工具的使用方法。 工具设备：图形工作站电脑、A4 纸、中性笔。 课程资源："3ds Max 数字创意表现"在线课——智慧树网站链接： https://coursehome.zhihuishu.com/courseHome/1000062541#teachTeam		
实训要求	1. 熟悉 3ds Max 效果图渲染设置的基本知识； 2. 掌握后期处理的基本流程和建模方法； 3. 根据提供的次卧室场景效果图，完成效果图的后期处理； 4. 认真查看次卧室场景效果图，小组集体讨论次卧室场景效果图后期处理的工作计划； 5. 旷课两次及以上者、盗用他人作品成果者单项任务实训成绩为零分，旷课一次者单项任务实训成绩为不合格		
实训形式	1. 以小组为单位进行次卧室场景效果图后期处理的任务规划，每个小组成员均需要完成次卧室场景效果图后期处理实训任务； 2. 分组进行，每组 3~6 名成员		
成绩评定方法	1. 总分 100 分，其中工作态度 20 分，过程评价 30 分，完成效果 50 分； 2. 上述每项评分分别由小组自评、班级互评、教师评价和企业评价给出相应分数，汇总到一起计算平均分，形成本次任务的最终得分		

3ds Max 数字创意表现 实训评价单

项目名称	项目3 卧室场景制作		任务名称	任务6 卧室场景效果图后期处理			
班 级			组 别				
组 长			组 员				
评价内容	评价标准			小组自评	班级互评	教师评价	企业评价
工作态度 (20分)	1. 出勤：上课出勤良好，没有无故缺勤现象。(5分)						
	2. 课前准备：教材、笔记、工具齐全。(5分)						
	3. 能够积极参与活动，认真完成每项任务。(10分)						
过程评价 (30分)	1. 能够制订完整、合理的工作计划。(6分)						
	2. 具有团队意识，能够积极参与小组讨论，能够服从安排，完成分配的任务。(6分)						
	3. 能够按照规定的步骤完成实训任务。(6分)						
	4. 具有安全意识，课程结束后，能主动关闭并检查电脑及其他设备电源。(6分)						
	5. 具有良好的语言表达能力，能够进行团队有效沟通。(6分)						
完成效果 (50分)	1. 材质通道渲染(10分)	(1) 渲染元素选择准确。(4分)					
		(2) 材质通道图渲染完整。(6分)					
	2. 图层合并处理(10分)	(1) 能够准确设置图层。(3分)					
		(2) 能够熟练使用快捷键操作图层。(2分)					
		(3) 能够准确合并图层。(5分)					
	3. 次卧室材质更换(10分)	(1) 能够熟知复制图层的方法。(2分)					
		(2) 能够熟练设置图层的混合模式。(3分)					
		(3) 能够熟练设置图层不透明度。(3分)					
		(4) 能够熟练运用工具栏的工具。(2分)					
	4. 次卧室场景色调处理(10分)	(1) 能够熟练调整效果图对比度。(2分)					
		(2) 能够熟练调整效果图明度。(3分)					
		(3) 能够熟练调整效果图整体色调。(5分)					
	5. 次卧室场景效果图最终处理效果(10分)	(1) 材质贴图修改合理。(3分)					
		(2) 场景配景搭配合理。(2分)					
		(3) 效果图整体色调调整美观。(5分)					
总得分 (100分)							

本项目主要介绍了居住空间中卧室场景制作的流程和方法，具体包括卧室场景模型的创建、模型材质制作、场景灯光布置、效果图渲染参数设置、效果图后期处理等内容。通过本项目任务的操作，完成了模拟企业居住空间室内设计项目的卧室效果图制作全过程，学生能够学习和掌握居住空间室内场景建模、材质制作、灯光布置、场景渲染和后期处理的整个流程和方法，为进一步学习复杂场景电脑效果图制作打下良好基础。

根据项目实训图（图3.6.23），即某建筑装饰公司提供的居住空间平面布置图，运用3ds Max和VRay软件根据某家装室内设计项目的平面布置图，完成主卧场景效果图的制作。

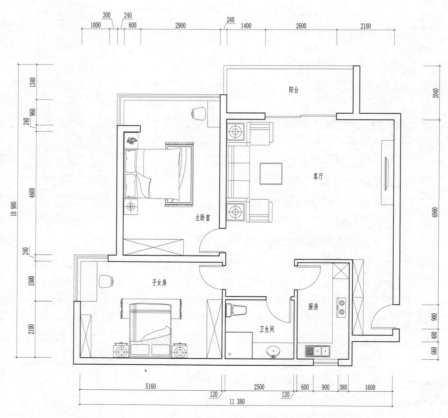

图 3.6.23 项目实训图（居住空间平面布置图）

项目 4 会议室场景制作

本项目来源于某建筑装饰设计研究院有限公司，公司要求运用 3ds Max 和 VRay 软件根据某办公场所室内设计项目平面布置图，完成会议室场景效果图的制作，如图 4.1.1~ 图 4.1.6 所示。

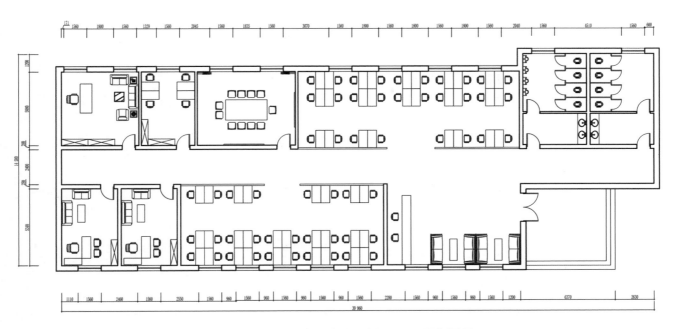

图 4.1.1 某办公场所室内设计项目平面布置图

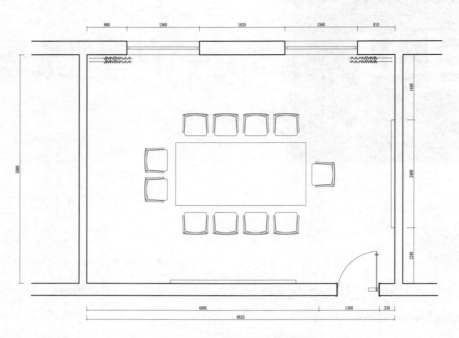

图 4.1.2 会议室平面布置图

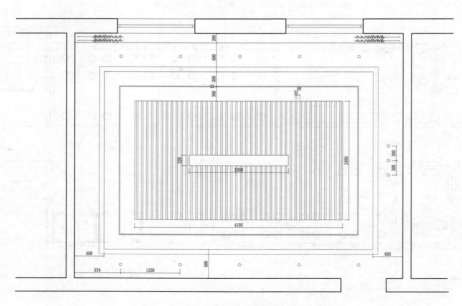

图 4.1.3 会议室天棚平面图

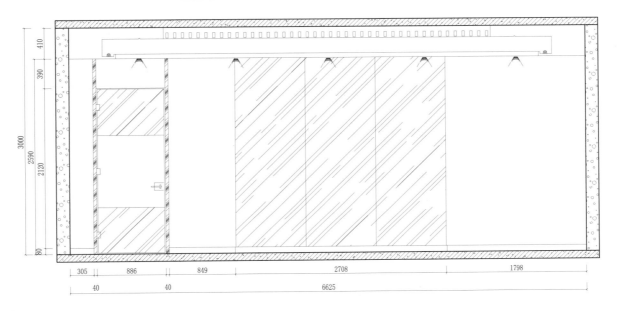

图 4.1.4 会议室 A 立面图

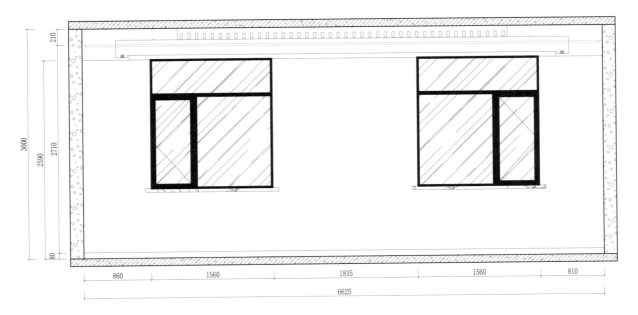

图 4.1.5 会议室 C 立面图

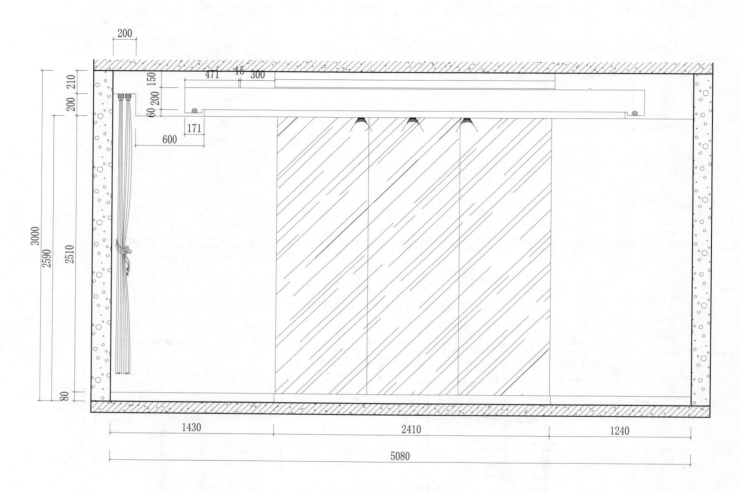

图 4.1.6 会议室 D 立面图

会议室效果图表现要求：

1. 办公场所基本情况：该办公场所使用面积约为 494.68 ㎡，其中会议室使用面积约为 33.66 ㎡，原始棚高为 3 m。会议室空间建筑布局规整，天棚无横梁，墙体平整，无凸出的结构。

2. 设计风格：会议室装修风格以现代简约为主。

3. 会议室界面设计要求：天棚要有二级吊顶、吊灯、发光灯槽、筒灯；墙面要有灰绿色和白色墙面造型、玻璃门、白色踢脚线等；窗户有双层窗帘，其中一层为纱帘，另一层为遮光帘；地面为深色地毯。

4. 家具设备要求：会议桌、办公椅、大屏幕电视机等。

学习目标

知识目标：

1. 能够比较完整地陈述会议室场景多边形建模的流程和方法；

2. 能够比较完整地陈述会议室场景材质编辑的方法；

3. 能够比较完整地陈述会议室场景灯光设置的方法；

4. 能够比较完整地陈述会议室场景效果图渲染参数设置的方法；

5. 能够比较完整地陈述会议室场景效果图后期处理的流程和方法。

技能目标：

1. 能够根据会议室平面图、立面图，运用多边形建模创建会议室场景模型；

2. 能够在会议室场景中架设摄影机，设置合适的构图视角；

3. 能够根据会议室的风格，在场景中导入恰当的办公家具和陈设品模型；

4. 能够根据会议室场景的特点，为每个模型选择恰当的材质；

5. 能够根据会议室场景的照明要求，合理布置场景中的灯光；

6. 能够根据会议室场景的渲染环境，合理设置效果图渲染参数；

7. 能够对会议室场景效果图进行后期处理。

素养目标：

1. 能够自主收集资料，自主学习；

2. 能够严守职业规范，严格按照操作流程完成任务；

3. 培养团队合作精神；

4. 具有安全意识，能够在设备使用前后进行检查并保持设备的完好性。

知识思维导图：

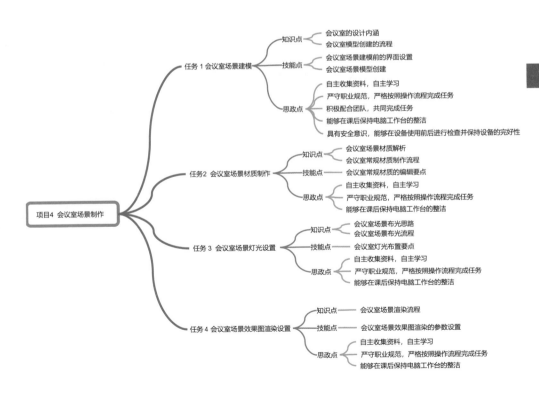

任务1

会议室场景建模

任务解析

会议室场景建模，基本流程包括建模前准备和场景建模两个部分，如图 4.1.7 所示。

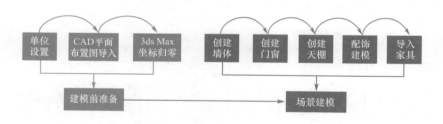

图 4.1.7 会议室场景建模流程图

1. 建模前准备

在开机前，检查一下电脑设备的状况，如主机、显示器、外设是否齐全，线路是否连接，电源是否接通等。开机后，检查电脑能否正常启动，系统能否正常运行，3ds Max 软件能否正常打开等。

在建模前，需要进行参数设置，导入会议室 CAD 平面布置图、天棚平面图、立面图等，然后将会议室 CAD 平面布置图的坐标归零，为进一步的场景建模做好准备。

2. 场景建模

根据导入的会议室 CAD 平面布置图，用多边形建模的方法，创建会议室墙体、门窗、天棚；用倒角剖面创建踢脚线；最后导入会议室的家具和设备模型，完成会议室场景的建模。

3. 会议室效果图建模要求

（1）单位设置：模型统一尺寸单位为毫米（mm）。

（2）在导入 CAD 文件后，坐标要归零。

（3）相同物体复制必须用"实例"复制。

（4）尺寸把握准确，场景建模及家具导入，必须和实际物体尺寸一致。

知识链接

一、会议室的设计内涵

1. 会议室的概念

在办公空间中，会议室是供人们开会的场所，用于召开会议、培训，作学术报告，组织活动等。根据会议室的功能需要，可以布置成多种形式。

2. 会议室的类型

（1）按会议室的空间尺寸划分，会议室可以分为大型会议室、中型会议室和小型会议室。其中，大型会议室的面积一般在 100 m^2 以上，可以容纳数百人，主要用于召开大型报告会、培训会、讲座等规模比较大的集会；中型会议室可以容纳几十人，用于规模比较小的报告会、培训会、研讨会等；小型会议室一般容纳几人到十几人，空间比较小，布置长条桌或圆桌，方便彼此的交流。

（2）按会议室的功能划分，会议室可以分为普通会议室和多功能会议室。其中，普通会议室的功能比较单一，主要用于开会，多为中小型会议室；多功能会议室除了满足正常的会议功能外，还能兼具舞厅、电影厅、展览厅等功能，因此配备多种灯光、音响设备。

二、会议室的设计要求

1. 会议室照明

灯光照度是会议室的一个基本条件。由于召开会议时需要打开投影机或液晶屏用于展示PPT，因此在会议室装修设计时，室内应以人工光源为主，避免自然光。会议室的窗户也需用深色窗帘遮挡，避免室外光线的干扰。

2. 会议室隔音

由于会议室中需要使用麦克风等扩音设备，为保证会议室中声音的传播效果，以及隔音的需要，墙面要有隔音和吸音材料，地面要铺地毯，一方面避免回音，另一方面能够隔绝声音以免扩散到会议室外。

3. 会议室的配色

（1）背景墙

为了防止颜色对人物摄像产生的"夺光"及"反光"效应，背景墙一般会单独设计，一般采用均匀的颜色，通常多采用米色或灰色，不宜使用画幅，也不要使用强烈对比的混乱色彩，以方便摄影机镜头光圈设置。

（2）立面色彩的搭配

会议室的其他三面墙壁、地板、天花板等均应与背景墙的颜色相匹配，不要用黑色或鲜艳色彩的饱和色。墙面不适宜用复杂的图案或挂复杂的画幅，以免摄影机移动或变焦时图像产生模糊现象。摄影机镜头不应对准门口，若把门口作为背景，人员进出将使摄影机镜头对摄像目标背后光源曝光。

想一想

1. 在会议室场景中，如果想达到吸音的效果，需要采用什么材料呢？
2. 在会议室场景中，我们是根据什么来搭配室内环境的色调的？

三、会议室的人体尺度

会议室是公共场所，人员比较集中，人们既需要一个比较密切的关系，便于沟通和交流，又希望有一个比较舒适的空间，以降低会议的疲劳感。如图 4.1.8~ 图 4.1.11 所示。

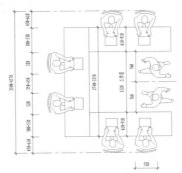

图 4.1.8 U 形会议桌人体尺度

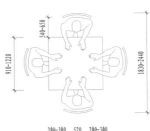

图 4.1.9 四人方形会议桌人体尺度

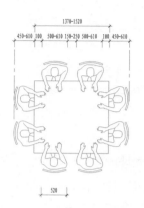
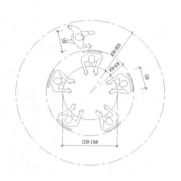

图4.1.10 八人方形会议桌人体尺度　　图4.1.11 圆形会议桌人体尺度

任务实施

要求：根据企业设计项目的任务要求，用多边形建模的方法，完成某办公场所室内设计项目会议室场景模型的创建。

一、单位设置

在建模前，首先要进行单位设置，统一以毫米为单位。在菜单栏"自定义"下单击"单位设置"，弹出"单位设置"对话框，在"显示单位比例"中，选择"公制"下的"毫米"为单位；单击"系统单位设置"按钮，在"系统单位设置"对话框中，"系统单位比例"也选择"毫米"为单位。

二、导入会议室的平面布置图

在 3ds Max 中，需要用导入的方式把 CAD 绘制的 dwg 扩展名的会议室的平面布置图加入场景。在 CAD 界面中，打开会议室的平面布置图，将需要建模的部分选中，把它做成图块。输入快捷键"WB"，在弹出的"写块"对话框中，选择"对象"，

在下方"目标"中给定保存块的路径，如图 4.1.12 所示。

图 4.1.12 保存会议室平面布置图图块

在 3ds Max 界面上方菜单栏中选择"文件"→"导入"。导入会议室平面布置图后，将它合并成一个组，便于后面的操作，如图 4.1.13 所示。

图 4.1.13 导入会议室平面布置图

三、3ds Max 坐标归零

用 "选择并移动"工具选取导入的 CAD 图，在 3ds Max 界面下方的 X、Y、Z 轴坐标的输入框中，分别输入 0，这样 CAD 图自动移动到原点的位置，它的中心点就是原点。

四、用多边形建模创建会议室墙体

扫码看视频

建筑墙体多边形建模

1. 捕捉的设置

建模前，单击"捕捉开关"按钮，或按键盘上的 S 键，激活 2.5 捕捉模式；右键单击"捕捉开关"，弹出"栅格和捕捉设置"对话框，将捕捉设置为"顶点"。

2. 描画会议室墙体轮廓

在右侧创建面板中，选择图形面板下的"线"工具，用捕捉模式将会议室的墙体平面描画一圈，注意在门窗和墙体转折处加节点。加节点的目的，主要是当墙体轮廓线被挤出层高时，这些节点都会变成竖线，为进一步精确创建门窗、编辑墙体结构打下基础。

注 意

在这个阶段，要培养自己耐心和细致的工作态度，会议室墙体结构的节点比较多，需要把每个门窗和墙体转折处都加上节点，不能漏掉任何一个细节，否则，在后期建模时，需要花费更多的时间来弥补这个失误。

3. 挤出会议室三维模型

在修改面板修改器列表里选择"挤出"工具，单击"挤出"工具按钮后，在"参数"→"数量"中输入 3000 mm，这是会议室天棚的高度，如图 4.1.14 所示。

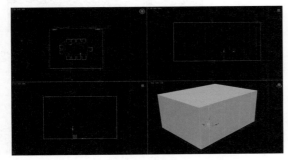

图 4.1.14 挤出会议室三维模型

4. 转换可编辑多边形

在修改面板修改器列表里选择"法线"工具，单击"法线"工具按钮后，进行翻转法线。翻转法线的作用，是让室内的界面能够看到材质赋予的效果。如果没有翻转法线，室内的界面就是黑色的。

翻转法线后，在会议室模型上单击鼠标右键，弹出快捷菜单，从中选择"转换为"→"转换为可编辑多边形"。这样，会议室三维模型就变成可编辑多边形模型了，有助于我们下一步的操作。

5. 分离会议室的各个界面

按 F3 键将透视视图界面的会议室模型转换为"线框"模式，这样能够看到室内的墙体结构。

在右侧面板选择"可编辑多边形"栏目下的"多边形"，单击会议室模型天棚界面，把它变成红色，在右侧"编辑几何体"卷展栏中选择"分离"，将天棚分离出来，并命名为"棚"。

6. 创建窗洞

在右侧面板选择"可编辑多边形"栏目下的"边"，单击左侧窗户的两条竖向边线，单击鼠标右键，在弹出的快捷菜单中单击"连接"左侧的按钮，弹出"连接边"输入框，在"分段"栏中输入 2，窗户位置出现两条横线，构成窗洞的基础。选择窗户上方的横线，在界面下方的 Z 轴坐标中输入 2600 mm，则上方的横线向上移动到 2600 mm 的高度，构成窗洞的上沿。用同样的方法，将右侧的窗洞基础也创建出来。

在右侧面板选择"可编辑多边形"栏目下的"多边形"，单击刚才创建的两个窗户的面，把它们变成红色。单击"编辑多边形"卷展栏下的"挤出"右侧的按钮，在"挤出多边形"输入框的"高度"中输入 −300 mm，将窗口向外挤出 300 mm。

在右侧面板选择"可编辑多边形"栏目下的"多边形"，单击刚才挤出窗户的面，把它变成红色，在右侧"编辑几何体"卷展栏中选择"分离"，把它命名为"窗"。右侧的窗户也是同样操作。

7. 创建门洞

在右侧面板选择"可编辑多边形"栏目下的"边",单击门的两条竖向边线,单击鼠标右键,在弹出的快捷菜单中单击"连接"左侧的按钮,弹出"连接边"输入框,在"分段"栏中输入1,门位置出现一条横线,构成门洞的基础。选择门上方的横线,在界面下方的Z轴坐标中输入2200 mm,则上方的横线向上移动到2200 mm的高度,构成门洞的上沿。

在右侧面板选择"可编辑多边形"栏目下的"多边形",单击刚才创建的门的面,把它变成红色。单击"编辑多边形"卷展栏下的"挤出"右侧的按钮,在"挤出多边形"输入框的"高度"中输入 −300 mm,将门向外挤出300 mm。然后将选中的面删除,完成门洞创建。

五、创建会议室窗体

1. 导入会议室立面图

扫码看视频

窗体多边形建模

打开 CAD 施工图,选择会议室 C 立面图,输入快捷键"WB",在弹出的"写块"对话框中,选择"对象",在下方"目标"中给定保存块的路径。将会议室 C 立面图单独保存出来,如图 4.1.15 所示。

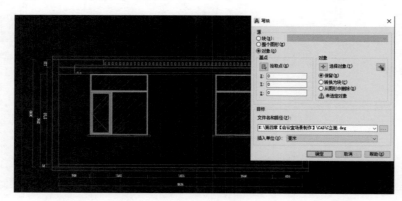

图 4.1.15 保存会议室 C 立面图

回到 3ds Max 界面,导入刚才保存的会议室 C 立面图,将导入后的立面图合成一个组,选择 ✛ "选择并移动"工具,单击立面图,在下方的 *X*、*Y*、*Z* 轴坐标中各输入 0,该立面图移动到原点位置。

选择 ↻ "旋转"工具,打开工具栏中的 ⬚ "角度捕捉切换",将平躺的立面图旋转 90°,让会议室立面图与平面图垂直。打开 ⬚ "捕捉开关"工具,将立面图对齐到平面图的窗户位置。

2. 创建会议室窗体

选择上传创建的两个窗户的面和 C 立面图,单击鼠标右键,在弹出的快捷菜单中选择"孤立当前选择",将其余部分隐藏起来。

选择会议室 C 立面图,单击鼠标右键,选择"冻结当前选择",将立面图冻结起来。然后右键单击"捕捉开关",弹出"栅格和捕捉设置"对话框,在"选项"标签栏中勾选"捕捉到冻结对象"复选框,这样就可以捕捉到刚才冻结的会议室 C 立面图,如图 4.1.16 所示。

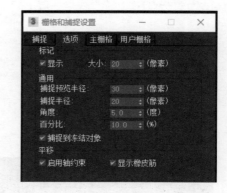

图 4.1.16 勾选"捕捉到冻结对象"复选框

单击左侧窗户的可编辑多边形面,在右侧面板选择"可编辑多边形"栏目下的"多边形",单击左侧窗户的面,把它变成红色,单击鼠标右键,在弹出的快捷菜单中单击"插入"左侧的按钮，然后在"插入"输入框的"数量"中输入 30 mm，做出外侧窗框的边。

接下来做窗户的横向窗框。在右侧面板选择"可编辑多边形"栏目下的"边"，单击窗户刚才创建的左、右两条竖向的边线，单击鼠标右键，在弹出的快捷菜单中单击"连接"左侧的按钮，在"连接"输入框"分段"中输入 2，分出两条横向线段。激活捕捉，将这两条线段移动到窗户横向窗框的位置。

再创建窗户的竖向窗框。选择窗户横向窗框的下边线和底下窗框的上边线，单击鼠标右键，在弹出的快捷键菜单中单击"连接"左侧的按钮，在"连接"输入框"分段"中输入 2，分出两条竖向线段。激活捕捉，将这两条竖线移动到竖向窗框的位置。

在右侧面板选择"可编辑多边形"栏目下的"多边形"，单击窗户上面和右侧的玻璃面，把它们变成红色。

由于窗框的边缘带有倒角，因此要创建一个带有倒角的窗框。单击鼠标右键，在弹出的快捷菜单中单击"倒角"左侧的按钮，在"倒角"输入框的"高度"中输入 −15 mm，"轮廓"中输入 −15 mm，将窗户的玻璃向外挤出 15 mm。由于玻璃和窗框之间还有一段距离，因此，单击鼠标右键，在弹出的快捷菜单中单击"挤出"左侧的按钮，在"挤出"输入框的"高度"中输入 −5 mm，挤出玻璃和窗框之间的距离。

接下来，创建左侧窗框。因为左侧的窗框是一个可以开启的独立窗框，在创建时需要再做一个内框，这个内框是向室内凸出的。选择左侧窗户的面，单击鼠标右键，在弹出的快捷菜单中单击"挤出"左侧的按钮，在"挤出"输入框的"高度"中输入 10 mm，整个面向室内挤出 10 mm。

根据立面图中左侧窗框的位置，单击鼠标右键，在弹出的快捷菜单中单击"插入"左侧的按钮，然后在"插入"输入框的"数量"中输入 35 mm，做出窗框的内侧边。

单击鼠标右键，在弹出的快捷菜单中单击"倒角"左侧

的按钮，在"倒角"输入框的"高度"中输入 −15 mm，"轮廓"中输入 −15 mm，将窗户的玻璃向外挤出 15 mm。由于玻璃和窗框之间还有一段距离，因此，单击鼠标右键，在弹出的快捷菜单中单击"挤出"左侧的按钮，在"挤出"输入框的"高度"中输入 −5 mm，挤出玻璃和窗框之间的距离。接下来，按照左侧窗户创建的方法，创建右侧窗户，如图 4.1.17 所示。

图 4.1.17 创建窗体

3. 创建窗台板

单击右侧图形面板中的"矩形"，在顶视图中窗户处分别创建一个长为 250 mm、宽为 1780 mm 和长为 50 mm、宽为 10 mm 的一大一小两个矩形。其中，大的矩形作为窗台板的基础面，小的矩形将修改成窗台板的剖面，用倒角剖面的方式创建窗台板。

选择小的矩形，单击右侧修改面板中的"编辑样条线"，单击"选择"卷展栏下的"分段"，将矩形左边和下边的线删除。单击"选择"卷展栏下的"顶点"，在"几何体"卷展栏中选择"圆角"，再单击转角处并向上移动，做出圆角。

单击窗台板的基础面矩形，选择右边修改面板中的"倒角剖面"，在"参数"卷展栏中单击"经典"，在出现的"经典"卷展栏中单击"拾取剖面"，再单击刚才创建的窗台板剖面，完成窗台板的创建。接着根据会议室 C 立面图中窗台板的位置，将创建好的窗台板移动到合适的位置，如图 4.1.18 所示。

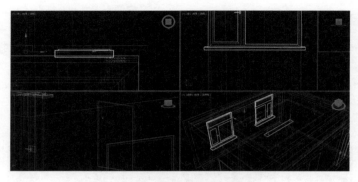

图 4.1.18 创建窗台板

注意

创建窗体时，注意窗体细节。在制作前，可以先观察一下实际的塑钢窗结构。窗户能够打开的部分是向室内凸出的，窗框和玻璃衔接的地方有倒角。这些在窗体建模时都需要表现出来。

六、创建无框玻璃门

1. 导入会议室 A 立面图

扫码看视频

无框玻璃门建模

无框玻璃门上、下为透明玻璃，中间是磨砂玻璃，门上方横梁和门口为拉丝白钢。隐藏会议室 C 立面图，然后打开 CAD 施工图，选择会议室 A 立面图，输入快捷键"WB"，在弹出的"写块"对话框中，选择"对象"，在下方"目标"中给定保存块的路径。将会议室 A 立面图单独保存出来。在 3ds Max 界面导入会议室 A 立面图，将导入后的立面图合成一个组，选择 ⊕ "选择并移动"工具，单击立面图，在下方的 X、Y、Z 轴坐标中各输入 0，该立面图移动到原点位置。

选择 ↻ "旋转"工具，打开工具栏中的 🔒 "角度捕捉切换"，将平躺的立面图旋转 90°，让会议室 A 立面图与平面图垂直。打开"捕捉开关"工具，将立面图对齐到平面

图门的位置。

2. 创建门口

将导入的会议室 A 立面图冻结，最大化顶视图，单击右侧图形面板上的"线"，打开"捕捉开关"，沿着会议室平面图上的白钢门口位置，画出门口的轮廓线。

由于不锈钢板在加工时，转角处带有一定的圆弧，在做门口的截面时，也需要加上圆角。单击右侧修改面板，在"选择"卷展栏中单击"顶点"，选择刚才画好的门口轮廓线上、下各两个角点，在"几何体"卷展栏中单击"圆角"，给这四个角点加上圆弧，如图 4.1.19 所示。

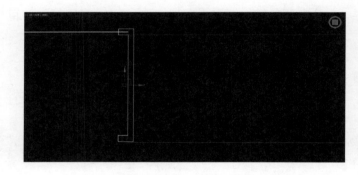

图 4.1.19 给不锈钢门口加圆角

选择刚才创建的门口截面，单击右侧修改面板中的"挤出"，根据会议室 A 立面图的门口尺寸，在"参数"卷展栏的"数量"中输入 2590 mm。使用"镜像"工具，将左侧门口复制到右侧。

3. 制作门口上方的白钢板

在左视图门洞上方，根据门口和门洞的位置，创建白钢板的截面。打开"捕捉开关"，用"线"工具画一条 L 形线，在修改面板"选择"卷展栏中，单击"样条线"，在下方"几何体"卷展栏中，单击"轮廓"，单击刚才画的 L 形线，在"轮廓"后的数值框中输入 −5 mm。

3ds Max 数字创意表现

140

单击白钢板的截面，在右侧修改面板中选择"挤出"，在"参数"卷展栏的"数量"中输入 900 mm，将截面挤出 900 mm。然后按照会议室 D 立面图的位置，将白钢板移动到合适的位置，如图 4.1.20 所示。

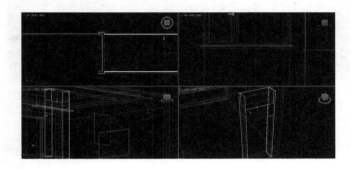

图 4.1.20 创建门口

4. 制作玻璃门

由于玻璃门边缘是车边的，因此使用"倒角剖面"来创建。根据会议室 A 立面图中玻璃门的形状，先用矩形做出门的线框基础。在右侧图形面板中单击"矩形"，打开"捕捉开关"，在前视图上捕捉立面图中门的轮廓，画一个矩形。

接下来，绘制玻璃门的截面。在右侧图形面板中单击"矩形"，在前视图上绘制一个长为 12 mm、宽为 6 mm 的矩形。切换到修改面板中，单击"编辑样条线"，在"选择"卷展栏中 单击"分段"，单击矩形左侧边线将其删除。单击"顶点"，选择矩形上、下两个角点，单击"几何体"卷展栏下的"切角"，给这两个角点做倒角，切角数值为 1.8 mm。单击"分段"，将矩形上、下两条横线删除。

选择玻璃门的矩形线框，单击右侧修改面板中的"倒角剖面"，拾取刚才做的倒角截面，完成玻璃门板的创建。

单击刚才创建的玻璃门板，单击鼠标右键，选择"转换为可编辑多边形"，将玻璃门板模型转换为可编辑多边形，如图 4.1.21 所示。

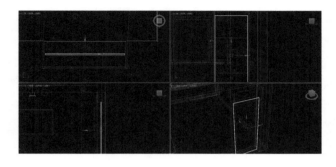

图 4.1.21 创建玻璃门

5. 制作玻璃门合页

单击右侧几何体面板下"扩展基本体"栏，选择"切角长方体"，切换到前视图，根据会议室 A 立面图的玻璃门合页位置，打开"捕捉开关"，沿着合页轮廓画出合页的模型。切角长方体高度为 20 mm，圆角分段为 1，取消勾选"平滑"复选框。创建合页后，向下复制两个合页并和立面图对齐，如图 4.1.22 所示。

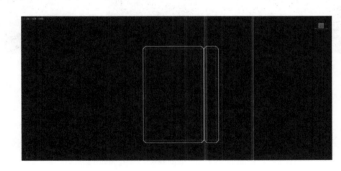

图 4.1.22 切角长方体做合页

6. 制作玻璃门锁

单击右侧几何体面板下"扩展基本体"栏，选择"切角长方体"，根据会议室 D 立面图的玻璃门锁位置，打开"捕捉开关"，沿着门锁轮廓用切角长方体画出门锁基础模型。切角长方体高度为 38 mm，圆角为 2 mm，圆角分段为 1，取消勾选"平滑"复选框。

接下来,制作锁上面的把手。在前视图上,按照会议室 A 立面图上锁的位置,用切角长方体画出把手的模型。单击右侧几何体面板下"扩展基本体"栏,选择"切角长方体",打开"捕捉开关",沿着门锁竖向把手的位置,画出结构模型,切角长方体高度为 −30 mm,圆角为 0.5,取消勾选"平滑"复选框。

单击右侧几何体面板下"扩展基本体"栏,选择"切角长方体",打开"捕捉开关",沿着门锁横向把手的位置,画出横向把手的结构模型。切角长方体高度为 19 mm,圆角为 0.83 mm,圆角分段为 1,取消勾选"平滑"复选框,如图 4.1.23 所示。

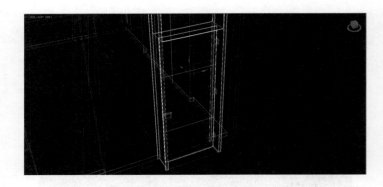

图 4.1.24 完成玻璃门创建

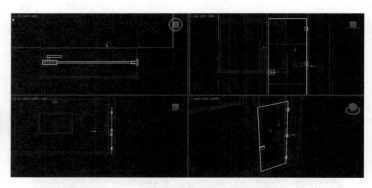

图 4.1.23 创建玻璃门锁

7. 分割玻璃门

由于玻璃门有两种材质,为了后期赋予材质方便,将玻璃门模型分成三部分,其中上、下两部分为透明玻璃材质,中间部分为磨砂玻璃材质。我们之前在创建玻璃门模型时,已经将模型转换为可编辑多边形。打开右侧修改面板,在"编辑几何体"卷展栏下单击"快速切片",在前视图上沿着会议室 A 立面图的玻璃门的两条横线分别画一条横线,将玻璃门分割成三个部分。

选取刚才做的玻璃门、合页和把手,把它们合并成一个组并移动到门口的位置,完成玻璃门的创建,如图 4.1.24 所示。

七、创建会议室天棚

扫码看视频

天棚多边形建模

1. 导入会议室天棚平面图

在会议室天棚平面图中,有窗帘盒、吊顶边棚、吊灯、筒灯,这些在建模中都需要表现出来。打开 CAD 施工图,选择会议室天棚平面图,输入快捷键"WB",在弹出的"写块"对话框中,选择"对象",在下方"目标"中给定保存块的路径。将会议室天棚平面图单独保存出来。

在 3ds Max 界面导入会议室天棚平面图,将导入后的平面图合成一个组,选择 ✛ "选择移动"工具,单击平面图,打开"捕捉开关",将会议室天棚平面图移动到会议室模型天棚的位置并冻结。导入会议室 D 立面图,也同样合成一个组,将 D 立面图坐标设置到原点,在左视图上把 D 立面图用"旋转"工具旋转 90°,在顶视图上再旋转 90°,把 D 立面图移动到会议室模型窗户和门之间的墙的位置并冻结。

根据会议室 D 立面图的位置,将上次分离出来的天棚移动到立面图中边棚的位置,便于后面对天棚的编辑。

2. 制作天棚吊顶

选取天棚平面,在右侧面板"可编辑多边形"栏目中选取"边"，然后在"编辑几何体"卷展栏中单击"快速切片"，打开"捕捉开关"，在顶视图界面捕捉会议室天棚平面图的窗帘盒位置，用"快速切片"画一条横线，在天棚平面上分出窗帘盒的位置。

在右侧面板"可编辑多边形"栏目中选取"多边形"，单击天棚平面中窗帘盒的位置，把它变成红色。在"编辑多边形"卷展栏中单击"挤出"右侧的按钮，在"挤出多边形"输入框的"高度"中输入 –200 mm，挤出窗帘盒的高度。

选取天棚平面，在右侧面板"可编辑多边形"栏目中选取"多边形"，单击天棚平面，把它变成红色，在"编辑多边形"卷展栏中单击"插入"右侧的按钮，根据会议室 D 立面图中边棚的尺寸，在"插入"输入框的"数量"中输入 600 mm，挤出边棚的宽度。

在右侧面板"可编辑多边形"栏目中选取"多边形"，单击天棚插入后中间的部分，把它变成红色，在"编辑多边形"卷展栏中单击"挤出"右侧的按钮，在"挤出多边形"输入框的"高度"中输入 –60 mm，挤出边棚挡板的高度。

在"编辑多边形"卷展栏中单击"倒角"右侧的按钮，在"倒角"输入框的"轮廓"中输入 –170 mm，做出边棚凹槽。接着在"编辑多边形"卷展栏中单击"挤出"右侧的按钮，在"挤出"输入框的"高度"中输入 –200 mm，挤出二层天棚的高度。

制作二层天棚的凹槽装饰线。单击二层天棚平面中间的部分，把它变成红色，在"编辑多边形"卷展栏中单击"插入"右侧的按钮，根据会议室立面图中边棚的尺寸，在"插入"输入框的"数量"中输入 471 mm，挤出二层天棚凹槽边线。

保持前一个步骤的面被选中，在"编辑多边形"卷展栏中单击"挤出"右侧的按钮，根据会议室立面图中凹槽的高度，在"挤出多边形"输入框的"高度"中输入 –10 mm，向上

挤出 10 mm 的高度。

在"编辑多边形"卷展栏中单击"插入"右侧的按钮，根据会议室立面图中边棚的尺寸，在"插入"输入框的"数量"中输入 15 mm，把凹槽的另一条边线做出来。

接下来，向下挤出天棚中间的面，完成天棚凹槽装饰线的制作。选中天棚中间的面，在"编辑多边形"卷展栏中单击"挤出"右侧的按钮，根据会议室立面图中凹槽的高度，在"挤出多边形"输入框的"高度"中输入 10 mm，向下挤出 10 mm 的高度。

继续制作天棚中间向上凸出的面。选中天棚中间的面，在"编辑多边形"卷展栏中单击"插入"右侧的按钮，根据会议室立面图中边棚的尺寸，在"插入"输入框的"数量"中输入 200 mm，完成天棚中间向上凸出面长宽的限定。

保持上一个步骤中天棚中间的面被选中，在"编辑多边形"卷展栏中单击"挤出"右侧的按钮，根据会议室立面图中天棚中间向上凸出的高度，在"挤出多边形"输入框的"高度"中输入 –150 mm，向上挤出 150 mm 的高度。

接下来，做出天棚中间的格栅造型。按照会议室立面图中格栅的位置，打开"捕捉开关"，在右侧图形面板单击"矩形"，在前视图上捕捉会议室立面图格栅截面，画一个长为 70 mm、宽为 32 mm、角半径为 2.7 mm 的矩形。

切换到顶视图，在修改面板中单击"挤出"，挤出刚才做的格栅截面，挤出的数量为 2450 mm。

选中刚才制作的格栅条，在菜单栏中单击"工具"→"阵列"，在出现的"阵列"对话框"移动"的 X 轴中输入 100 mm，在"阵列维度"中 1D 输入 42，"对象类型"为"实例"。这样就把其他的格栅条通过阵列的方式复制出来，如图 4.1.25 所示。

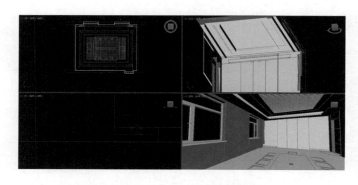

图 4.1.25 会议室天棚完成的效果

八、墙面硬装造型建模

1. 会议室 D 立面背景墙造型创建

我们首先来创建会议室 D 立面的背景墙面造型。选取会议室的墙面，在右侧面板"可编辑多边形"栏目中选取"多边形"，单击墙面中间的部分，把它变成红色，在"编辑多边形"卷展栏中单击"挤出"右侧的按钮，根据会议室平面图中墙面造型凸起的形状，在"挤出多边形"输入框的"高度"中输入 80 mm，向室内挤出 80 mm 的高度。

从会议室 D 立面图上看，会议室背景墙有两个竖向的凹槽，把背景墙分成三个部分。选取刚才创建的背景墙造型凸出的上、下两条边，在右侧面板"可编辑多边形"栏目中选取"边"，在"编辑边"卷展栏中单击"连接"右侧的按钮，在"连接边"输入框的"分段"中输入 2，背景墙出现两条竖线。

扫码看视频

墙面硬装造型建模

接下来，制作会议室背景墙的竖向凹槽。选取刚才创建的背景墙两条竖线，在右侧面板"可编辑多边形"栏目中选取"边"，在"编辑边"卷展栏中单击"切角"右侧的按钮，在弹出的"切角"输入框的"边切角量"中输入 10 mm，在"连接边输入框的分段"中输入 2。把背景墙竖线凹槽中间分成两部分，每部分宽为 10 mm，凹槽总宽为 20 mm。

在右侧面板"可编辑多边形"栏目中选取"边"，选择会议室背景墙两个凹槽中间的线，切换到顶视图，在下方坐标轴的 X 轴中输入 6 mm，凹槽向墙内凹进 6 mm。

我们在做完会议室背景墙的凹槽后，发现背景墙表面出现了弧形面，因此需要把这个面调整成平面。在右侧面板"可编辑多边形"栏目中选取"多边形"，在"多边形：平滑组"卷展栏中单击"清除全部"，让背景墙的表面变得平整，如图 4.1.26 所示。

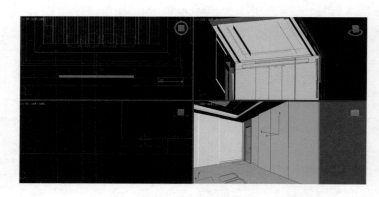

图 4.1.26 平整背景墙表面

2. 会议室 A 立面墙体造型创建

会议室 A 立面墙体有凸出带有拉缝的墙体造型，有踢脚线。

我们首先来创建会议室 A 立面的墙面造型。选取会议室的墙面，在右侧面板"可编辑多边形"栏目中选取"多边形"，单击墙面中间的部分，把它变成红色，在"编辑多边形"卷展栏中单击"挤出"右侧的按钮，根据会议室平面图中墙面造型凸起的形状，在"挤出多边形"输入框的"高度"中输入 80 mm，向室内挤出 80 mm 的高度。

从会议室 A 立面图上看，墙面凸出的造型有两个竖向的凹槽，把造型墙分成三个部分。选取刚才创建的造型墙造型凸出的上、下两条边，在右侧面板"可编辑多边形"栏目中选取"边"，单击"编辑边"中"连接"右侧的按钮，在"连接边"输入框的"分段"中输入 2，背景墙出现两条竖线。

接下来，制作会议室 A 立面造型墙的竖向凹槽。选取刚才创建的造型墙两条竖线，在右侧面板"可编辑多边形"栏目中选取"边"，在"编辑边"卷展栏中单击"切角"右侧的按钮，在弹出的"切角"输入框的"边切角量"中输入 10 mm，在"连接边分段"中输入 2 。把造型墙竖线凹槽中间分成两部分，每部分宽为 10 mm，凹槽总宽为 20 mm 。

在右侧面板"可编辑多边形"栏目中选取"边"，选择会议室背景墙两个凹槽中间的线，切换到顶视图，在下方坐标轴的 Y 轴中输入 6 mm，凹槽向墙内凹进 6 mm。

为解决造型墙分缝后出现的弧形面，在右侧面板"可编辑多边形"栏目中选取"多边形"，在"多边形：平滑组"卷展栏中单击"清除全部"，让背景墙的表面变得平整。

3. 制作会议室踢脚线

踢脚线可以用"倒角剖面"工具来创建。首先，我们需要制作踢脚线的路径；然后，打开"捕捉开关"，单击图形面板上的"线"，在顶视图上按照会议室平面图墙体结构线绘制路径；最后，闭合样条线。由于门口处没有踢脚线穿过，所以要把这个部分断开。单击修改面板中的"线段"，选择门口处的路径线段，把它删除。

在顶视图上绘制一个长为 80 mm 、宽为 10 mm 的矩形，作为踢脚线的截面。

选中矩形，单击修改面板中"编辑样条线"，选择"顶点"，将矩形所有顶点选中，单击鼠标右键，在弹出的快捷菜单中选择"角点"，把矩形所有节点都变成角点。在"几何体"卷展栏下选择"切角"，将矩形右上角变成切角。

选中踢脚线的路径，在右侧修改面板中单击"倒角剖面"，在"参数"卷展栏下选择"经典"，在"经典"卷展栏下单击"拾取剖面"按钮，单击刚才做的踢脚线截面，完成会议室踢脚线的创建，如图 4.1.27 所示。

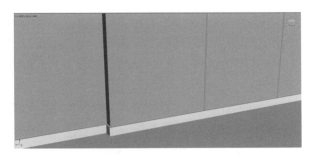

图 4.1.27 创建踢脚线

九、导入家具、设备模型

1. 模型导入方式

会议室场景模型的导入有两种方式：一种是从菜单栏中选择"文件"→"导入"→"合并"，导入 .max 格式的模型；另一种是在模型所在文件夹中，将选定的模型拖入会议室场景，然后选择"合并文件"。

扫码看视频

导入家具、设备模型

2. 导入筒灯模型

打开筒灯模型所在文件夹，将筒灯模型拖入会议室场景，单击"合并文件"，将筒灯模型导入场景。

筒灯模型导入后，删除一起导入的灯光文件，只保留模型。在顶视图上，将筒灯模型移动到会议室天棚平面图中筒灯的位置，注意筒灯灯芯的位置要在天棚平面以下，否则在渲染时筒灯会被天棚挡住，而不能渲染出来。将筒灯模型以阵列的方式复制到天棚平面图中所有的筒灯灯位，在弹出的"阵列"对话框中，在"移动"的 X 轴输入 1200 mm，在"阵列维度"下 1D 中输入 5，选择"实例"复制，向右侧再复制 4 个筒灯。然后将上方的 5 个筒灯复制到下方，再复制到天棚右侧灯位，注意对应到天棚平面图的筒灯灯位上。最后，将所有的筒灯选中，合成一个组，并命名为"灯"。

3. 导入吊灯模型

从菜单栏中选择"文件"→"导入"→"合并"，打开吊灯模型，弹出"合并－吊灯"对话框，因为不需要吊灯中自带的灯光，取消对话框右侧"列出类型"下"灯光"的勾选。选中左侧的吊灯模型文件，单击"确定"按钮，将吊灯模型导入会议室场景。

由于导入的吊灯模型尺寸比较大，需要根据会议室天棚平面图中吊灯灯位的尺寸，在顶视图上用 ⬚ "缩放"工具缩小吊灯模型。注意吊灯的灯杆要悬挂到格栅底部。

4. 导入窗帘模型

从菜单栏中选择"文件"→"导入"→"合并"，打开窗帘模型，在弹出的"合并－窗帘"对话框中，全选左侧的模型文件，单击"确定"按钮，将窗帘模型导入会议室场景。

在顶视图上，按照会议室的平面图，将导入后的窗帘模型移动到会议室的窗户位置。注意窗帘要放入天棚的窗帘盒内，并且避免与窗台重叠。

5. 导入电视机和挂画模型

从菜单栏中选择"文件"→"导入"→"合并"，打开TV&挂画模型，在弹出的"合并－TV&挂画"对话框中，全选左侧的模型文件，单击"确定"按钮，将液晶电视和挂画的模型导入会议室场景。

将挂画移动到会议室A立面中间的墙面，将液晶电视移动到会议室B立面的墙上，并调整模型的大小。

6. 导入会议室桌椅

由于会议室桌椅的模型面数比较多，需要对模型进行调整。在3ds Max中新建一个文件，把桌椅模型导入界面。

由于椅子是由多个模型组合而成，需要对椅子解组。单击椅子，选择菜单栏中"组"下的"解组"，这样可以单独选择椅子靠背。然后在右侧修改面板中单击"修改器列表"，在打开的下拉菜单中选择"MultiRes"，该工具可以对模型的面进行优化，减少模型的面数。单击"多分辨率参数"下的"生成"，然后把上方"分辨率"中的"顶点百分比"修改为35。注意在修改面板中，"MultiRes"要在"UVW贴图"下方。

同样，单击椅子靠背的框，在右侧修改面板中单击"修改器列表"，在打开的下拉菜单中选择"MultiRes"，单击"多分辨率参数"下的"生成"，将上方"分辨率"中的"顶点百分比"修改为30。

单击椅子坐垫，在右侧修改面板中单击"修改器列表"，在打开的下拉菜单中选择"MultiRes"，单击"多分辨率参数"下的"生成"，将上方"分辨率"中的"顶点百分比"修改为30。

椅子优化完成后，单击菜单栏的"组"里面的"关闭"，把椅子合成一个组。然后将模型另存为"桌椅02-1"。

回到会议室场景，导入刚才保存的"桌椅02-1"，完成会议室桌椅模型的导入，如图4.1.28所示。

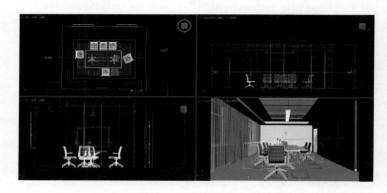

图 4.1.28 导入会议室桌椅模型

注 意

我们在导入模型时，容易犯的错误就是不考虑模型的实际情况，不做任何调整，拿来就用。这样会导致在场景制作后期越来越卡，渲染也会越来越慢。导入的模型越精致，它的面数就越多，渲染时电脑的计算量就越大，渲染的时间就越长。我们在场景中并不需要大量精致的模型，距离远的模型面数可以少一些，以减少渲染的时间。因此，要注意对导入模型的优化，提高效果图制作的效率。

3ds Max 数字创意表现 实训任务单

项目名称	项目 4 会议室场景制作	任务名称	任务 1 会议室场景建模
任务学时	10 学时		
班 级		组 别	
组 长		组 员	
任务目标	1. 能够用多边形建模的方式，创建会议室场景的墙体； 2. 能够用多边形建模的方式，创建会议室场景的门窗； 3. 能够用多边形建模的方式，创建会议室场景的吊顶； 4. 小组成员具有团队意识，能够合作完成任务； 5. 能够对自己所做会议室场景建模的过程及效果进行陈述		
实训准备	预备知识：1. 界面基本设置方法；2. 三维模型创建基本工具的使用方法；3. 工具栏中常规工具的使用方法。 工具设备：图形工作站电脑、A4 纸、中性笔。 课程资源："3ds Max 数字创意表现"在线课——智慧树网站链接： https://coursehome.zhihuishu.com/courseHome/1000062541#teachTeam		
实训要求	1. 熟悉多边形建模的基本知识； 2. 掌握多边形建模的基本流程和建模方法； 3. 根据提供的会议室平面布置图，完成会议室场景建模； 4. 认真查看会议室平面布置图，小组集体讨论会议室场景建模工作计划； 5. 旷课两次及以上者、盗用他人作品成果者单项任务实训成绩为零分，旷课一次者单项任务实训成绩为不合格		
实训形式	1. 以小组为单位进行会议室模型创建的任务规划，每个小组成员均需要完成会议室模型的建模实训任务； 2. 分组进行，每组 3~6 名成员		
成绩评定方法	1. 总分 100 分，其中工作态度 20 分，过程评价 30 分，完成效果 50 分； 2. 上述每项评分分别由小组自评、班级互评、教师评价和企业评价给出相应分数，汇总到一起计算平均分，形成本次任务的最终得分		

3ds Max 数字创意表现 实训评价单						
项目名称	项目4 会议室场景制作		任务名称	任务1 会议室场景建模		
班 级			组 别			
组 长			组 员			
评价内容	评价标准		小组自评	班级互评	教师评价	企业评价
工作态度 (20分)	1. 出勤：上课出勤良好，没有无故缺勤现象。(5分)					
	2. 课前准备：教材、笔记、工具齐全。(5分)					
	3. 能够积极参与活动，认真完成每项任务。(10分)					
过程评价 (30分)	1. 能够制订完整、合理的工作计划。(6分)					
	2. 具有团队意识，能够积极参与小组讨论，能够服从安排，完成分配的任务。(6分)					
	3. 能够按照规定的步骤完成实训任务。(6分)					
	4. 具有安全意识，课程结束后，能主动关闭并检查电脑及其他设备电源。(6分)					
	5. 具有良好的语言表达能力，能够有效进行团队沟通。(6分)					
完成效果 (50分)	1. 会议室墙体建模(10分)	(1) 系统单位设置准确。(2分)				
		(2) CAD 平面布置图导入准确。(3分)				
		(3) 系统坐标有归零设置。(2分)				
		(4) 会议室墙体创建准确。(3分)				
	2. 会议室门窗建模(10分)	(1) 窗口建模准确，无变形。(3分)				
		(2) 窗体建模准确，无变形。(5分)				
		(3) 门口建模准确，无变形。(2分)				
	3. 会议室天棚建模(10分)	(1) 窗帘盒和边棚的位置划分准确。(2分)				
		(2) 边棚挡板挤出准确，无变形。(3分)				
		(3) 灯槽位置建模准确，无变形。(3分)				
		(4) 灯槽上方空间建模准确，无变形。(2分)				
	4. 会议室配饰建模(10分)	(1) 墙体造型建模准确，无变形。(6分)				
		(2) 踢脚线建模准确，无变形。(4分)				
	5. 会议室家具设备导入(10分)	(1) 导入的家具、设备尺寸比例准确。(5分)				
		(2) 导入的家具、设备位置正确，与平面布置图对应。(5分)				
总得分 (100分)						

任务 2

会议室场景材质制作

任务解析

1. 材质编辑前准备

在编辑材质前，首先选定需要赋予材质的模型，确定该模型所需要的材质种类、材质特点、材质纹理效果等，并考虑该材质与整体空间的协调关系等。

2. 材质编辑

根据会议室模型及设计方案的制定情况，可以按照天棚→墙面→地面→陈设的顺序编辑材质，并把材质赋予模型上。

3. 会议室效果图材质编辑要求

（1）材质编辑前，要在"渲染设置"窗口中选用 VRay 渲染器，这样在材质编辑器中，才能调用 VRay 材质编辑界面。

（2）要根据材质的特点设置材质的漫反射、反射与折射的数值。

（3）连续纹理的材质，赋给模型时，要做到无缝衔接。

（4）材质赋给模型后，要调整模型的 UVW 贴图坐标，避免有纹理的材质贴图变形。

知识链接

一、Bump Mapping（凹凸贴图）

这是一种在 3D 场景中模拟粗糙表面的技术。将深度的变化保存到一张贴图中，然后对 3D 模型进行标准的混合贴图处理，即可得到具有凹凸感的表面效果。

二、sided（双面）

在进行着色渲染时，由于物体一般都是部分面向摄影机的，因此为了加快渲染速度，计算时常忽略物体内部的细节。当然这对于实体来说，不影响最终的渲染结果；但是，如果该物体是透明的，缺陷就会暴露无遗，而选择计算双面后，程序自动把物体法线相反的面（物体内部）也进行计算，最终得到完整的图像。

三、Texture Mapping（纹理贴图）

纹理贴图在物体着色方面最引人注意，也是最拟真的方法，目前广为游戏软件所采用。一张平面图像（可以是数字化图像、小图标或点阵位图）会被贴到多边形上。例如：在赛车游戏的开发上，可用这项技术来绘制轮胎胎面及车体着装。

四、Mip Mapping（Mip 贴图）

这项材质贴图的技术，是依据不同精度的要求而使用不同版本的材质图样进行贴图。例如：当物体移近使用者时，程序会在物体表面贴上较精细、清晰度较高的材质图案，从而让物体呈现出更高级、更加真实的效果；而当物体远离使用者时，程序就会贴上较单纯、清晰度较低的材质图样，进而提高图形处理的整体效率。LOD（细节水平）是协调纹理像素和实际像素之间关系的一个标准。一般用于中、低档显卡中。

五、Material ID（材质标识码）

通过定义物体（也可以是子物体）材质标识码，来实现对子物体贴图或附加特殊效果，重要的是现在一些非线性视频编辑软件也支持材质标识码。

六、Fog Effect（雾化效果）

雾化效果是 3D 场景中比较常见的特性，在游戏中见到的烟雾、爆炸火焰以及白云等效果都是雾化的结果。它的功能就是制造一块指定的区域笼罩在一股烟雾弥漫之中的效果，这样可以保证远景的真实性，而且也降低了 3D 图形的渲染工作量。

七、Attenuation （衰减）

在真实世界中，光线的强度会随距离的增大而递减。这是因为受到了空气中微粒的衍射影响，而在 3ds Max 中，场景处于理想的"真空"中。这种现象与现实世界不符，因此为了模拟真实的效果，在灯光中加入该选项，就能人为地产生这种效果。

八、Perspective Correction（透视角修正处理）

它是采用数学运算的方式，确保贴在物件上的部分影像图会向透视的消失方向贴出正确的收敛。

九、Anti-aliasing（抗锯齿处理）

简单地说，抗锯齿处理主要是应用调色技术将图形边缘的"锯齿"缓和，使边缘更平滑。抗锯齿是比较复杂的技术，是高档加速卡的一个主要特征。目前，低档 3D 加速卡大多不支持抗锯齿。

十、Adaptive Degradation（显示适度降级）

在处理复杂的场景时，当用户调整摄影机时，由于需要计算的物体过多，不能很流畅地完成整个动态显示过程，影响了显示速度。为了避免这种现象的出现，当在 3ds Max 中打开 Adaptive Degradation 功能时，系统自动把场景中的物体以简化方式显示，以加快运算速度。

十一、Z-Buffer（Z 缓存）

Z-Buffer 是在为物件着色时，执行"隐藏面消除"工作的一项技术。执行这一操作，则隐藏物件背后的部分就不会被显示出来。

十二、UVW 贴图修改器

UVW 贴图工具位于 3ds Max 界面右侧的修改面板，在"修改器列表"中可以添加 UVW 贴图工具。"UVW 贴图"修改器控制在对象曲面上如何显示贴图材质和程序材质。UVW 坐标系与 XYZ 坐标系相似。位图的 U 和 V 轴对应于 X 和 Y 轴。对应于 Z 轴的 W 轴一般仅用于程序贴图。UVW 贴图工具可以通过输入数值来控制贴图在模型上的位置和大小比例，使模型物体的贴图在场景中更真实。

任务实施 ▶

扫码看视频

镜面不锈钢、
亚光不锈钢、
石材材质编辑

要求：根据设计项目的任务要求，用 3ds Max 标准材质和 VRay 材质制作会议室场景中不锈钢、石材、木材的材质制作，完成符合会议室设计项目场景的材质制作。

一、不锈钢材质编辑

1. 镜面不锈钢材质编辑

打开材质编辑器，选择一个材质球，命名为"不锈钢"，将材质设置为 VRay 材质，并将材质赋予场景中的物体上。

对它的反射强度进行一个调节，不锈钢材质通常在 180~220，这个数值指的是后面的灰度数值。因为不同的不锈钢反射的强度也是不一样的。

2. 亚光不锈钢材质编辑

打开材质编辑器，选择一个材质球，命名为"亚光不锈钢"，将材质设置为 VRay 材质并将该材质球切换到 VRay 材质，加入一个背景。进行反射调节，反射调节数值在 180~220。

二、石材材质编辑

1. 石材材质分析

　　石材有镜面、柔面、凹凸面三种。

　　（1）镜面石材

　　镜面石材表面较光滑，有反射，高光较小。参数参考如下：

　　Diffuse（漫反射）—石材纹理贴图

　　Reflect（反射）— 40

　　Hilight glossiness — 0.9

　　Glossiness（光泽度、平滑度）— 1

　　Subdivs（细分）— 9

　　（2）柔面石材

　　柔面石材表面较光滑，有模糊，高光较小。参数参考如下：

　　Diffuse（漫反射）—石材纹理贴图

　　Reflect（反射）— 40

　　Hilight glossiness — 关闭

　　Glossiness（光泽度、平滑度）— 0.85

　　Subdivs（细分）— 25

　　（3）凹凸面石材

　　凹凸面石材表面较光滑，有凹凸，高光较小。参数参考如下：

　　Diffuse（漫反射）—石材纹理贴图

　　Reflect（反射）— 40

　　Hilight glossiness — 关闭

　　Glossiness（光泽度、平滑度）— 1

　　Subdivs（细分）— 9

　　Bump（凹凸贴图）— 15%，与漫反射贴图相关联

2. 大理石材质

　　大理石材质比较光滑，有大理石纹理。参数参考如下：

　　Diffuse（漫反射）— 石材纹理贴图

　　Reflect（反射）— 衰减 1

　　Hilight glossiness — 0.9

　　Glossiness（光泽度、平滑度）— 0.95

3. 瓷质材质

　　瓷质材质表面光滑，有反射，有很亮的高光，参数参考如下：

　　Diffuse（漫反射）— 瓷质贴图（白瓷 250）

　　Reflect（反射）— 衰减（也可直接设为 133，要打开菲涅尔，也有只给 40 左右）

　　Hilight glossiness — 0.85

　　Glossiness（光泽度、平滑度）— 0.95（反射给 40 的话，这里为 0.85）

　　Subdivs（细分）— 15

　　最大深度 — 10

　　BRDF — WARD（如果不用衰减可以改为 PONG）

　　各向异性 — 0.5

　　旋转值 — 70

　　环境 — OUTPUT

　　输出量 — 3.0

4. 石材材质编辑过程

　　打开材质编辑器，指定一个材质球，先给一个 VRayMtl 材质。再到漫反射后面的小方框里赋予一个平铺的程序贴图。在高级控制里将平铺设置为纹理，赋予一张大理石的贴图，为砖缝设置水平间距。给材质球一定的反射，反射光泽度为 0.94。在凹凸贴图处也赋予一个平铺的程序贴图。同样，在高级控制里面设置纹理颜色，为砖缝设置水平间距。

三、木材材质编辑

　　1. 将渲染器设置为 VRay 渲染器，按 M 键打开材质编辑器，单击一个材质球，将材质设置为 VRay 材质。设置材质球为 VRayMtl 材质，设置名称为"木地板"，然后在漫反射通道上，添加一个木地板的贴图。

　　2. 设置反射颜色均为 15。反射参数调整：高光光泽度为 0.75，反射光泽度为 0.7，细分为 8。在"贴图"卷展栏，将漫反射通道贴图实例复制到凹凸通道。

3ds Max 数字创意表现 实训任务单

项目名称	项目 4　会议室场景制作	任务名称	任务 2　会议室场景材质制作
任务学时	2 学时		
班　　级		组　　别	
组　　长		组　　员	
任务目标	1．能够用材质编辑器制作不锈钢材质； 2．能够用材质编辑器制作石材材质； 3．能够用材质编辑器制作木材材质； 4．小组成员具有团队意识，能够合作完成任务； 5．能够对自己所做材质的过程及效果进行陈述		
实训准备	预备知识：1．材质编辑器的使用方法；2．常规装饰材料种类的认知；3．常规装饰材料物理性能的认知。 工具设备：图形工作站电脑、A4 纸、中性笔。 课程资源："3ds Max 数字创意表现"在线课——智慧树网站链接： https://coursehome.zhihuishu.com/courseHome/1000062541#teachTeam		
实训要求	1．熟悉常规装饰材料的基本知识； 2．掌握材质编辑器使用的基本流程和方法； 3．根据提供的会议室场景模型，完成不锈钢材质、石材材质和木材材质的制作； 4．小组集体讨论会议室场景材质制作的工作计划； 5．旷课两次及以上者、盗用他人作品成果者单项任务实训成绩为零分，旷课一次者单项任务实训成绩为不合格		
实训形式	1．以小组为单位进行会议室材质制作的任务规划，每个小组成员均需要完成会议室材质制作的实训任务； 2．分组进行，每组 3~6 名成员		
成绩评定方法	1．总分 100 分，其中工作态度 20 分，过程评价 30 分，完成效果 50 分； 2．上述每项评分分别由小组自评、班级互评、教师评价和企业评价给出相应分数，汇总到一起计算平均分，形成本次任务的最终得分		

3ds Max 数字创意表现 实训评价单

项目名称	项目 4 会议室场景制作		任务名称	任务 2 会议室场景材质制作			
班　级			组　别				
组　长			组　员				
评价内容	评价标准			小组自评	班级互评	教师评价	企业评价
工作态度 （20分）	1. 出勤：上课出勤良好，没有无故缺勤现象。（5分）						
	2. 课前准备：教材、笔记、工具齐全。（5分）						
	3. 能够积极参与活动，认真完成每项任务。（10分）						
过程评价 （30分）	1. 能够制订完整、合理的工作计划。（6分）						
	2. 具有团队意识，能够积极参与小组讨论，能够服从安排，完成分配的任务。（6分）						
	3. 能够按照规定的步骤完成实训任务。（6分）						
	4. 具有安全意识，课程结束后，能主动关闭并检查电脑及其他设备电源。（6分）						
	5. 具有良好的语言表达能力，能够有效进行团队沟通。（6分）						
完成效果 （50分）	1. 镜面不锈钢材质制作（15分）	（1）材质漫反射数值准确。（5分）					
		（2）材质反射数值准确。（5分）					
		（3）材质能够准确赋予模型。（5分）					
	2. 亚光不锈钢材质制作（15分）	（1）材质漫反射数值准确。（5分）					
		（2）材质反射数值准确。（5分）					
		（3）材质能够准确赋予模型。（5分）					
	3. 大理石材质制作（10分）	（1）材质漫反射数值准确。（3分）					
		（2）材质反射数值准确。（2分）					
		（3）模型加 UVW 贴图数值准确。（3分）					
		（4）材质能够准确赋予模型。（2分）					
	4. 木材材质制作（10分）	（1）材质漫反射数值准确。（3分）					
		（2）材质反射数值准确。（2分）					
		（3）模型加 UVW 贴图数值准确。（3分）					
		（4）材质能够准确赋予模型。（2分）					
总得分（100分）							

任务3
会议室场景灯光设置

任务解析

会议室场景的灯光设置，基本流程包括设置前的准备检查、灯光创建和灯光测试三个部分。

知识链接

一、三点照明

三点照明分别为主体光、辅助光、背景光。

1. 主体光

主要的明暗关系由主体光决定，包括投影的方向。通常用主体光照亮场景中的主要对象和对象周围区域，并且担任给主体对象投影的功能。主体光的任务根据需要也可以用几盏灯光来共同完成。如主光灯在 15°～30° 的位置上，称为顺光；在 45°～90° 的位置上，称为侧光；在 90°～120° 的位置上，称为侧逆光。主体光常用聚光灯来完成。

2. 辅助光

辅助光是一种均匀的、非直射性的柔和光源，可以用一个聚光灯照射扇形反射面形成。辅助光可以填充阴影区以及被主体光遗漏的场景区域、调和明暗区域之间的反差，同时能形成景深与层次，而且这种广泛均匀布光的特性使它能为场景打一层底色，定义了场景的基调。由于要达到柔和照明的效果，通常辅助光的亮度只有主体光的 50%～80%。

3. 背景光

背景光用于增加背景的亮度，起到衬托主体作用，并使主体对象与背景相分离。一般使用泛光灯，宜暗不宜太亮。

三点照明法要灵活运用，并不是在场景中只允许布置一个主光、一个辅助光和一个背景。完全可以布置多个主光以满足场景中所需的光量。但是这里有一个技巧：打主光时，不要将曝光量打满，可以比场景中实际需要的光量少一些，然后添加辅助光，这样光线就会逐渐饱和。

二、室外天光布置原则与技巧

太阳光是直接光照，天光是反射太阳光，属于间接光照。两者的光影追踪程度不同，阳光接近点光源，天光接近空间光源。在场景中有三种建立天光的方式：第一种，在窗外打 VRay 片光源；第二种，用环境中的天光贴图；第三种，在模型的任意位置布置 VRay 的穹顶光。天光所影响的只是物体的面色，不会影响高光色和阴影色。可以设置天空的颜色或者为它指定一张贴图来影响场景。

布光时应该遵循由外到内，由主到次，由整体到局部，由简到繁的过程。先确定主格调，然后布光，再调节灯光的衰减等特性来增强现实感，最后调整光色做细致修改。必须对自然光有足够深刻的理解，才可以模拟自然光的效果。多参考电影用光、多做尝试，会很有帮助的。不同风格下的布光灯也是不一样的。在室内效果图的制作中，为了表现金碧辉煌的效果，往往会把一些主光的颜色设置为淡淡的橘黄色，用灯光来控制整体空间的效果，从而达到材质不容易做到的效果。

三、室外 VRay 灯光布置原则与技巧

在渲染测试阶段可以把抗锯齿系数调小一点。VRay 在渲染时要求把 3ds Max 默认的灯光屏蔽掉，关闭隐藏灯光。

布光过程中灯光宜精不宜多，灯光数量过多会使场景灯光杂乱无章，难以处理，显示与渲染速度也会受到严重影响。另外，要注意灯光投影与阴影贴图及材质贴图的用处，能用贴图替代灯光的地方最好用贴图去做。例如：要表现晚上从室外观看到的窗户内灯火通明的效果，用自发光贴图去做会方便得多，效果也很好，切记不要用灯光去模拟。不要随意布光，否则效果会差很多。

四、VRay 太阳光参数

太阳光的颜色是由浊度值来控制的，默认值是 3，浊度越低，太阳光就越偏向冷色调，反之则偏向暖色调。如果想调出冷一点的太阳光，可以把值调为 2。

1. 浊度：可以调 0~20 的数值，代表清晨到傍晚时候的太阳。10 代表正午的太阳，一般做效果图时调到 10~12。

2. 臭氧：影响太阳光线的颜色，数值越大，颜色越淡，但对画面的效果影响不大。

3. 强度倍增器：光的强度，0.03 左右就行。

4. 阴影细分：越大则影子越柔和。

5. 阴影偏移：数值越大，区域阴影的效果越明显，也就是越模糊。数值越小，阴影边缘越硬。

6. 大小倍增：用来调节阴影边缘的虚实，数值越大，阴影越虚，但虚化的地方容易产生噪点。一般这个参数为 5~10。

要求：根据企业设计项目的任务要求，分析场景内所有光源的布置点位和设置位置，使用 3ds Max 灯光或 VRay 灯光中的各种类型灯对室内场景进行布光，完成某会议室设计项目最终场景的照明和装饰效果。

一、会议室室外布光思路

在场景中布光时，采用逐步增加灯光的方法。因此，在会议室模型中布光时，从无灯光开始，然后逐步增加灯光。当场景中的灯光调整到满意后再增加新的灯光，每次只增加一盏灯，了解每一盏灯对场景的作用，避免在场景中增加不需要的灯光造成渲染时间增加。具体来说，从设置太阳光和天光开始，然后增加室内灯光，最后才添加必需的辅助灯光。

1. 准备工作

在设置灯光之前，隐藏所有的玻璃材质物体。

2. 设定渲染尺寸

渲染尺寸为 400×300。小尺寸可以通过快速渲染来看到结果，所以快速渲染可以用小的分辨率，也不需要抗锯齿。

3. 关闭反射

关闭材质编辑器中所有的反射，反射会在光子贴图中增加不必要的采样。

4. 打开全局照明（GI）

打开全局照明（GI），设定发光贴图为低，或者自定义。

二、天光 / 环境光照明

创建一个泛光灯并将其关闭。这样就去掉了场景中缺省的灯光。选择灯光的颜色值为蓝色，例如：R173，G208，B255。将倍增器的值设定为 4.0。

三、VRay 太阳光

1. 创建一个阳光系统。单击右侧创建面板中的"灯光"栏，选择"VRay"。在视口中创建一盏 VRay 太阳光，打灯时要有一定的倾斜度，从上往下照射。

2. 调节灯光参数。勾选"不可见"复选框，调节强度倍增和大小倍增以控制灯光的亮度。过滤颜色：（R255，G251，B237）。

3. 调节阳光系统使得有一些阳光直接照射进入该室内场景。

4. 在排除中选择要排除的对象。太阳光从窗外照射进来，有些物体会遮挡光线，导致太阳光照射不进来，因此要排除一些物体，比如外景、窗帘、玻璃等，完成 VRay 太阳光创建。

四、设置 VRay 天空贴图

1. 按键盘上的 8 键，打开"环境和效果"窗口，单击环境贴图下面的"无"按钮。

2. 按键盘上的 M 键，打开材质编辑器，选择窗口 VRay 材质。

3. 单击"天空"，单击"确定"按钮。

4. 单击天空并拖动到材质球中。

5. 实例复制。

6. 在这里面就可以调整 VRay 天空的参数。

（1）默认是灰色的，需要手动到视图里指定太阳节点。

（2）修改太阳强度倍增为 0.5。

五、辅助光设置

1. 放置一个 VRaylight 在墙外，确认其目标指向室内。

2. VRaylight 设置：颜色为（R255，G245，B217）；类型为 平面。

3. 这时候按 T 键进入顶视图，我们看一下它的位置，是否是对的，用"选择并移动"工具对它的位置进行调整，默认倍增是 30，将它设置为 2。当然是要根据面光的大小和场景的需要来调节，如果都很小，就可以将倍增值设置得小一些，这是在实际运用中的考虑。在下面勾选"不可见"复选框，取消勾选"影响漫反射"复选框，为了让它不影响里面的反射效果，可以勾选"影响高光反射"和"影响反射"。

4. 这盏灯光是用来模拟天光的，那么它应该是蓝色的状态，给它赋淡蓝色就可以了。设置颜色为（R255，G227，B164）。

六、会议室筒灯设置

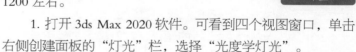
室内筒灯灯光布置

筒灯是辅助光源，不要太多，根据天棚上的筒灯模型数量来布置就可以了，间隔1200 左右。

1. 打开 3ds Max 2020 软件。可看到四个视图窗口，单击右侧创建面板的"灯光"栏，选择"光度学灯光"。

2. 在"光度学灯光"面板上，单击"目标灯光"按钮，接着在透视视图中拖动绘制目标灯光。

3. 在"分部光度学 Web"卷展栏中单击"选择光度学文件"按钮。

4. 在电脑中找到下载好的光度学文件，单击"打开"按钮。

5. 在"强度 / 颜色 / 衰减"卷展栏中更改"过滤颜色"和"强度"，选择射灯颜色和亮度。

3ds Max 数字创意表现 实训任务单

项目名称	项目 4 会议室场景制作	任务名称	任务 3 会议室场景灯光设置
任务学时	4 学时		
班　　级		组　　别	
组　　长		组　　员	
任务目标	1. 能够在会议室场景内使用 VRay 灯光的方式，创建场景外的天光； 2. 能够在会议室场景内使用 VRay 灯光的方式，创建场景内的灯带； 3. 能够在会议室场景内使用 VRay 灯光的方式，创建场景内的辅助灯； 4. 小组成员具有团队意识，能够合作完成任务； 5. 能够对自己所做会议室场景灯光创建的过程及效果进行陈述		
实训准备	预备知识：1. 界面基本设置方法；2. 三维模型创建基本工具的使用方法；3. 工具栏中常规工具的使用方法。 工具设备：图形工作站电脑、A4 纸、中性笔。 课程资源："3ds Max 数字创意表现"在线课——智慧树网站链接： https://coursehome.zhihuishu.com/courseHome/1000062541#teachTeam		
实训要求	1. 熟悉 3ds Max 灯光的基本知识和具体参数； 2. 掌握 VRay 灯光的基本知识和具体参数； 3. 根据提供的场景模型，能够完成场景内灯光的创建； 4. 认真查看会议室平面布置图，小组集体讨论场景灯光工作计划； 5. 旷课两次及以上者、盗用他人作品成果者单项任务实训成绩为零分，旷课一次者单项任务实训成绩为不合格		
实训形式	1. 以小组为单位进行场景灯光创建的任务规划，每个小组成员均需要完成场景模型的灯光创建实训任务； 2. 分组进行，每组 3~6 名成员		
成绩评定方法	1. 总分 100 分，其中工作态度 20 分，过程评价 30 分，完成效果 50 分； 2. 上述每项评分分别由小组自评、班级互评、教师评价和企业评价给出相应分数，汇总到一起计算平均分，形成本次任务的最终得分		

3ds Max 数字创意表现 实训评价单						
项目名称	项目 4 会议室场景制作		任务名称	任务 3 会议室场景灯光设置		
班　级			组　别			
组　长			组　员			
评价内容	评价标准		小组自评	班级互评	教师评价	企业评价
工作态度（20 分）	1. 出勤：上课出勤良好，没有无故缺勤现象。(5 分)					
	2. 课前准备：教材、笔记、工具齐全。(5 分)					
	3. 能够积极参与活动，认真完成每项任务。(10 分)					
过程评价（30 分）	1. 能够制订完整、合理的工作计划。(6 分)					
	2. 具有团队意识，能够积极参与小组讨论，能够服从安排，完成分配的任务。(6 分)					
	3. 能够按照规定的步骤完成实训任务。(6 分)					
	4. 具有安全意识，课程结束后，能主动关闭并检查电脑及其他设备电源。(6 分)					
	5. 具有良好的语言表达能力，能够有效进行团队沟通。(6 分)					
完成效果（50 分）	1. 模型检查部分 (10 分)	(1) 系统单位设置准确。(2 分)				
		(2) 模型无破面。(3 分)				
		(3) 模型无错面。(2 分)				
		(4) 模型分段均匀。(3 分)				
	2. 灯光创建 (20 分)	(1) 环境 GI 等参数无问题。(4 分)				
		(2) 窗外天光创建无问题。(4 分)				
		(3) 灯带的创建无问题。(4 分)				
		(4) 筒灯的创建无问题。(4 分)				
		(5) 辅助灯的创建无问题。(4 分)				
	3. 测试渲染 (20 分)	(1) 灯光测试渲染参数无问题。(5 分)				
		(2) 场景的灯光测试渲染出图无问题。(15 分)				
总得分（100 分）						

任务 4

会议室场景效果图渲染设置

任务解析

会议室场景效果图渲染是整个环节的最后步骤，可以通过最终的渲染得到最终的效果图，基本流程包括渲染前的准备检查、调整渲染参数和渲染保存三个部分。

知识链接

一、帧缓冲器

1. 启用内置帧缓冲器：勾选"启用内置帧缓冲器"，将使用 VRay 渲染器内置的帧缓冲器，VRay 渲染器不会渲染任何数据到 3ds Max 自身的帧缓存窗口，而且减少系统内存的占用。若不勾选，则使用 3ds Max 自身的帧缓冲器。

2. 显示上一次 VFB：显示上次渲染的 VFB 窗口。

3. 渲染到内存帧缓冲器：当激活时，VRay 帧缓冲器就取代了 3ds Max 虚拟帧缓冲器。

4. 从 Max 获得分辨率：勾选后，VRay 将使用设置的 3ds Max 的分辨率。

5. 保存单独的渲染通道：勾选该选项，则允许在渲染完毕后作为一个单独的文件保存在指定的目录。

6. 渲染到 VRay 图像文件：渲染到 VRay 图像文件。类似于 3ds Max 的渲染图像输出，不会在内存中保留任何数据。为了观察系统是如何渲染的，可以勾选后面的生成预览选项。

二、全局设置

1. 几何体

置换：勾选后则使用 VRay 置换贴图。此选项不会影响 3ds Max 自身的置换贴图。

2. 照明

灯光：勾选后，启用 VRay 场景中的直接灯光。如果不勾选，则系统自动使用场景默认灯光渲染场景。

默认灯光：指的是 3ds Max 的默认灯光。

隐藏灯光：勾选后隐藏的灯光也会被渲染。

阴影：设置直接灯光是否产生阴影。

仅显示全局光：勾选时直接灯光不参与最终的图像渲染。GI 在计算全局光的时候直接灯光也会参与，但是最后只显示间接光照。

3. 材质

反射 / 折射：勾选后，计算模型中 VRay 贴图或材质中光线的反射 / 折射效果。

最大深度：勾选后，计算模型中 VRay 贴图或材质中反射 / 折射的最大反弹次数。不勾选时，反射 / 折射的最大反弹次数用材质 / 贴图的局部参数来控制。

贴图：默认勾选，使用模型中纹理贴图。

过滤贴图：勾选时，VRay 纹理贴图用自身抗锯齿对纹理进行过滤。

最大透明级别：控制透明物体被光线追踪的最大深度。值越高则被光线追踪深度越深，效果越好，速度越慢。保持默认。

透明中止：默认勾选，是控制模型中对透明物体的追踪何时中止。

覆盖材质：勾选时，通过材质库里指定的一种材质可覆盖场景中所有物体的材质来进行渲染。主要用于测试建模是否存在漏光等现象，及时纠正模型的错误。

4. 间接照明

不渲染最终图像：勾选时，VRay 只计算相应的全局光照光子贴图，并不会渲染成图片。这对于渲染动画过程很有用。跑光子时常用。

5. 光线追踪

二次光偏移：设置光线发生二次反弹时的偏移距离，主要用于检查建模有无重面，并且纠正其反射出现的错误。在默认的情况下将产生黑斑，一般设为 0.001。

任务实施

扫码看视频

场景效果图
渲染设置

要求：根据企业设计项目的任务要求，使用 3ds Max 及 VRay 成图渲染参数，完成某会议室室内设计项目最终效果图的渲染。

VRay 初图渲染器设置：

1. 安装 VRay 后，可在"渲染设置"窗口的渲染器中找到"V-Ray 5"选项，选中即可。如果要恢复 VRay 各参数的默认值，可先选另一种渲染器，再选"V-Ray 5"即可。单击"查看到渲染"项右边的锁图标可设置是否锁定当前的渲染视图，当锁定时，若其他视图被选为当前视图，渲染视

图仍为锁定的视图。否则，渲染视图将变为当前视图。

2. 帧缓冲区：勾选启动内置帧缓冲区，分辨率为 1200×960。

3. 在 Vray 参数面板中，将默认灯光关闭，其余参数不变。

4. 在"图像采样器"上选择"渲染块"类型。

5. 在"图像采样器"选项中，把"噪波阈值"设置成 0.1。

6. 抗锯齿类型：自适应确定性蒙特卡洛。抗锯齿过滤器：Mitchell-Netravali。环境：打开。

7. VRay 颜色映射，选择"指数"。在 Vray 参数面板中，将默认灯光关闭，其余参数不变。

8. 打开间接照明并进行设置。首次反弹为发光贴图，二次反弹的全局照明改为灯光缓存。

9. 发光图：中；半球细分：50；插值采样：30。当前预设为自定义，基本参数里的最小比率为 -4，最大比率也为 -4，以减少渲染时间。

10. 灯光缓存：细分 1800。

根据上述会议室设计项目的要求，完成场景的模型创建、材质编辑、灯光布置、场景渲染，最终完成效果图的制作，如图 4.4.1 所示。

图 4.4.1 会议室最终效果图

3ds Max 数字创意表现 实训任务单

项目名称	项目 4　会议室场景制作	任务名称	任务 4　会议室场景效果图渲染设置
任务学时	2 学时		
班　　级		组　　别	
组　　长		组　　员	
任务目标	1. 能够完成会议室场景内的效果图渲染； 2. 能够完成场景的归档保存工作； 3. 能够对后期图片进行简单处理； 4. 小组成员具有团队意识，能够合作完成任务； 5. 能够对自己所做会议室场景效果图渲染、归档及后期处理的过程及效果进行陈述		
实训准备	预备知识：1. 界面基本设置方法；2. 三维模型创建基本工具的使用方法；3. 工具栏中常规工具的使用方法。 工具设备：图形工作站电脑、A4 纸、中性笔。 课程资源："3ds Max 数字创意表现"在线课——智慧树网站链接： https://coursehome.zhihuishu.com/courseHome/1000062541#teachTeam		
实训要求	1. 熟悉 3ds Max 效果图渲染的流程和具体参数； 2. 掌握 3ds Max 项目文件归档的方法； 3. 根据效果图的渲染，能够进行简单的后期处理； 4. 查看效果图渲染场景，小组集体讨论场景效果图渲染工作计划并归档提交； 5. 旷课两次及以上者、盗用他人作品成果者单项任务实训成绩为零分，旷课一次者单项任务实训成绩为不合格		
实训形式	1. 以小组为单位进行效果图渲染的任务规划，每个小组成员均需要完成会议室场景的效果图渲染实训任务； 2. 分组进行，每组 3~6 名成员		
成绩评定方法	1. 总分 100 分，其中工作态度 20 分，过程评价 30 分，完成效果 50 分； 2. 上述每项评分分别由小组自评、班级互评、教师评价和企业评价给出相应分数，汇总到一起计算平均分，形成本次任务的最终得分		

3ds Max 数字创意表现 实训评价单

项目名称	项目 4 会议室场景制作		任务名称	任务 4 会议室场景效果图渲染设置			
班　级			组　别				
组　长			组　员				
评价内容	评价标准			小组自评	班级互评	教师评价	企业评价
工作态度 (20 分)	1. 出勤:上课出勤良好,没有无故缺勤现象。(5 分)						
	2. 课前准备:教材、笔记、工具齐全。(5 分)						
	3. 能够积极参与活动,认真完成每项任务。(10 分)						
过程评价 (30 分)	1. 能够制订完整、合理的工作计划。(6 分)						
	2. 具有团队意识,能够积极参与小组讨论,能够服从安排,完成分配的任务。(6 分)						
	3. 能够按照规定的步骤完成实训任务。(6 分)						
	4. 具有安全意识,课程结束后,能主动关闭并检查电脑及其他设备电源。(6 分)						
	5. 具有良好的语言表达能力,能够有效进行团队沟通。(6 分)						
完成效果 (50 分)	1. 模型检查部分 (10 分)	(1) 系统单位设置准确。(2 分)					
		(2) 模型无破面。(3 分)					
		(3) 模型无错面。(2 分)					
		(4) 模型分段均匀。(3 分)					
	2. 效果图渲染部分 (30 分)	(1) 效果图渲染参数无问题。(8 分)					
		(2) 效果图渲染无问题。(18 分)					
		(3) 效果图后期处理无问题。(4 分)					
	3. 归档保存 (10 分)	(1) 归档无问题。(5 分)					
		(2) 文件名命名无问题。(5 分)					
总得分 (100 分)							

项目总结

　　本项目主要介绍了会议室场景制作的流程和方法，具体包括会议室场景模型的创建、模型材质制作、场景灯光布置、效果图渲染参数设置等内容。通过本项目任务的操作，完成了模拟企业办公空间室内设计项目的会议室场景效果图制作全过程，学生能够学习和掌握办公空间室内场景建模、材质制作、灯光布置、场景渲染的整个流程和方法，为进一步学习复杂场景效果图制作打下良好基础。

项目实训

　　根据某建筑装饰公司提供的办公空间平面布置图，运用3ds Max 和 VRay 软件根据某办公空间室内设计项目的平面布置图和立面图（图 4.4.2~ 图 4.4.6），完成会议室场景效果图的制作。

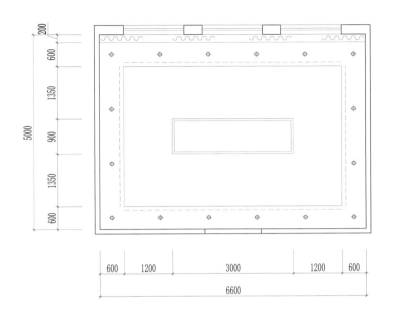

图 4.4.3 项目实训图 2 会议室天棚平面图

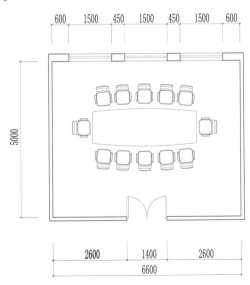

图 4.4.2 项目实训图 1 会议室平面布置图

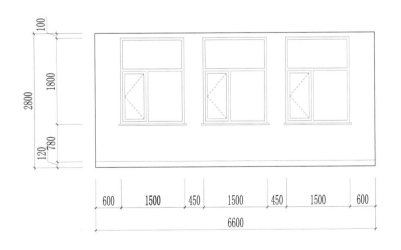

图 4.4.4 项目实训图 3 会议室 A 立面图

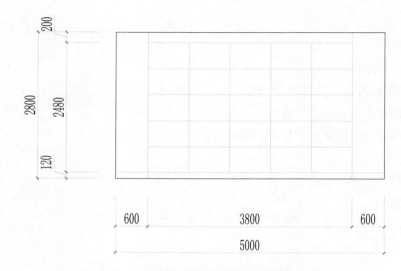

图 4.4.5 项目实训图 4 会议室 B 立面图

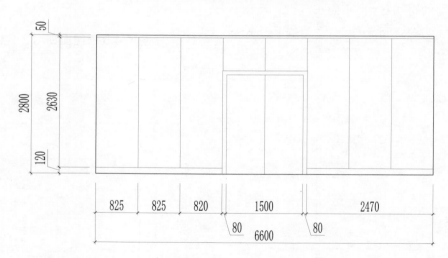

图 4.4.6 项目实训图 5 会议室 C 立面图

项目 5 别墅建筑模型制作

项目导入

本项目来源于某建筑装饰设计研究院有限公司，公司要求运用 3ds Max 和 VRay 软件根据某别墅建筑设计项目的平面布置图和立面图，完成别墅建筑模型的制作，如图 5.1.1~ 图 5.1.7 所示。

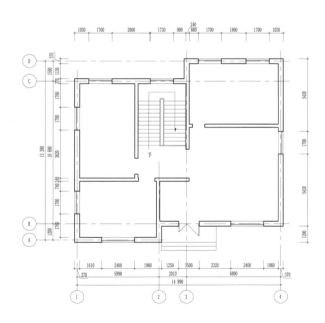

图 5.1.1 别墅一层平面图

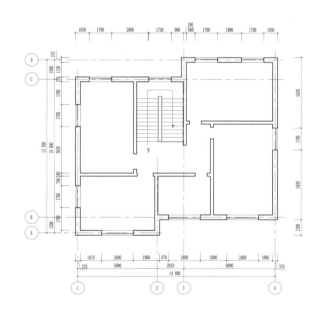

图 5.1.2 别墅二层平面图

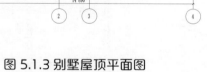

图 5.1.3 别墅屋顶平面图

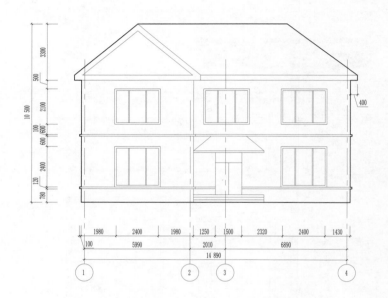

图 5.1.4 别墅① ~ ④立面图

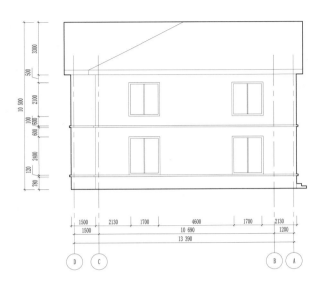

图 5.1.5 别墅 Ⓓ ~ Ⓐ 立面图

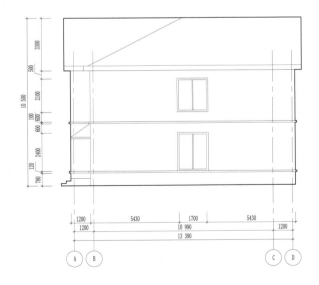

图 5.1.6 别墅 Ⓐ ~ Ⓓ 立面图

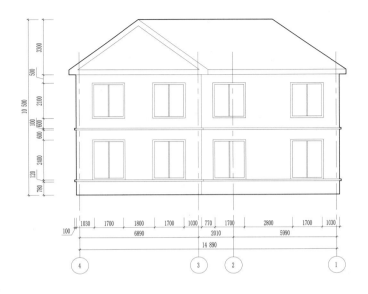

图 5.1.7 别墅 ④ ~ ① 立面图

别墅建筑模型制作要求：

1. 别墅基本情况：该别墅项目位于市郊，周围交通便利，气候、绿化、采光良好。别墅底层建筑面积约为 187 ㎡，建筑有两层，建筑总高度为 10.5 m。其中，一层层高为 4 m，二层层高为 3.5 m，屋顶高度为 3 m。庭院占地面积约为 340 ㎡。别墅建筑结构为混凝土框架结构。

2. 设计风格：别墅建筑风格以简欧风格为主。

3. 别墅建筑模型制作要求：别墅建筑模型依据《住宅设计规范》（GB 50096—2021）进行制作；屋顶为坡顶，一层墙面为石材材质，二层墙面为木纹材质。

知识目标：

1. 能够比较完整地陈述别墅建筑多边形建模的流程和方法；
2. 能够比较完整地陈述别墅建筑材质编辑的方法；
3. 能够比较完整地陈述别墅建筑灯光设置的方法；
4. 能够比较完整地陈述别墅建筑效果图渲染参数设置的方法；
5. 能够比较完整地陈述别墅建筑效果图后期处理的流程和方法。

技能目标：

1. 能够根据别墅平面布置图，运用多边形建模创建别墅场景模型；
2. 能够在别墅场景中架设摄影机，设置合适的构图视角；
3. 能够根据别墅建筑的风格，在场景中创建适当的建筑构件，如屋顶、雨棚、门 / 窗口等；
4. 能够根据别墅建筑的特点，为每个模型选择恰当的材质；
5. 能够根据别墅建筑的照明要求，合理布置场景中的灯光；
6. 能够根据别墅建筑的渲染环境，合理设置效果图渲染参数；
7. 能够对别墅建筑效果图进行后期处理。

素养目标：

1. 能够自主收集资料，自主学习；
2. 能够严守职业规范，严格按照操作流程完成任务；
3. 了解我国的传统建筑文化，树立文化自信；
4. 培养团队合作精神；
5. 具有安全意识，能够在设备使用前后进行检查并
   保持设备的完好性。

知识思维导图：

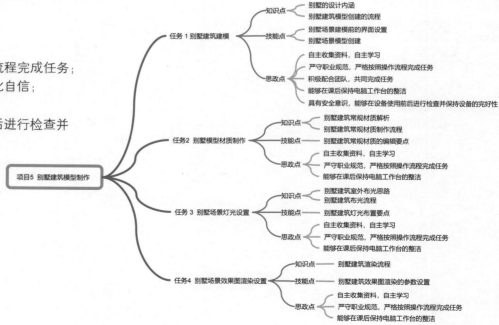

任务1

别墅建筑建模

任务解析

别墅建筑的建模，基本流程包括建模前准备和别墅建模两个部分，如图 5.1.8 所示。

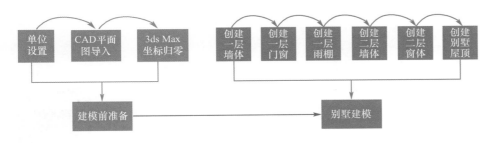

图 5.1.8 别墅建筑模型创建流程图

1. 建模前准备

在开机前，检查一下电脑设备的状况，如主机、显示器、外设是否齐全，线路是否连接，电源是否接通，等等。开机后，检查电脑能否正常启动，系统能否正常运行，3ds Max 软件能否正常打开，等等。

在建模前，需要进行参数设置、导入别墅 CAD 平面图，然后将别墅平面图的坐标归零，为进一步的场景建模做好准备。

2. 别墅建模

根据导入的别墅 CAD 平面图，用多边形建模的方法，创建别墅墙体、门窗、雨棚、屋顶，以及其他建筑构件，完成别墅模型建模。

3. 别墅建模要求

（1）单位设置：模型统一尺寸单位为毫米（mm）。

（2）在导入 CAD 文件后，坐标要归零。

（3）相同物体复制必须用"实例"方式。

（4）尺寸把握准确，别墅模型中建筑构件的创建，必须和实际尺寸一致。

知识链接

一、别墅的内涵

别墅建筑是一种独门独户独院的建筑，有一层至多层，有的还带地下室。它也属于住宅建筑的范畴。相较于普通的住宅，别墅的占地面积更大，带有独立的庭院，空间功能更多。

当前的别墅多数是以欧美国家的别墅风格为样板来建造的，如欧式风格、美式风格、现代风格等，其实别墅在中国古已有之。"别墅"一词，在我国古代，是指除自己主要住宅之外暂时居住的地方。我国古代的江南私家园林，如拙政园、网师园、留园等，都是别墅的一种，以建筑小巧精致、庭院曲折幽深、环境淡雅素净著称，和北方的皇家园林一起，成为中国古典园林的代表。

二、别墅模型的制作要点

在创建别墅模型时，和常规的室内场景建模有很大的不同。我们在创建室内场景模型时，不需要过多考虑模型外部的情况及建筑上下楼层的结构。但是在创建别墅建筑模型时，建筑外观是建模的重点，需要把建筑外部的构造、各级楼层的门窗都创建出来。这样的话，我们在创建别墅模型时需要注意哪些问题呢？

1. 做好整体规划

别墅建筑的建模比室内场景建模要复杂得多：一般室内场景建模视角比较固定，同一个场景只需要表现一到两个重点的装饰位置；而别墅建筑的建模是全方位的，需要表现多个角度的设计效果，每一个面都要照顾到。因此，在别墅建筑建模前，要有整体的思路，要注意别墅建筑与周围环境的对应关系、别墅建筑上下楼层的衔接关系、别墅建筑结构的组合关系等，这样才能准确地把别墅建筑模型做好。

2. 注意别墅的结构形式

别墅建筑要选用什么样的结构形式，和别墅建筑所处的地理位置、建筑材料种类、建设成本等方面都有密切关系。在结构上，别墅建筑有木结构、木框架结构、砖混结构、混凝土框架结构、钢框架结构等，不同结构的别墅建筑在外观、门窗样式、承重结构方面都不同。

我们在创建别墅建筑模型时，有必要了解相应的别墅建筑结构，以及建筑构件的组合方式和相关的工艺，这样，在建模时，才能根据不同的建筑结构来建模，而不至于出现结构上的错误。

3. 注意别墅各楼层的对应关系

在创建别墅建筑模型前，我们需要仔细研究别墅的平面图。常规的别墅建筑多为二层或三层，每层的使用功能不同，房间数量不同，都会影响到别墅建筑的外观。因此，在建模时，要熟悉每一层的房间走向，以及上下楼层的组合关系。

要求：根据企业别墅建筑设计项目的任务要求，用多边形建模的方法，完成某别墅建筑模型的创建。

扫码看视频

别墅一层墙体
多边形建模

一、单位设置

在菜单栏"自定义"下单击"单位设置"，弹出"单位设置"对话框，在"显示单位比例"中，选择"公制"下的"毫米"为单位；单击"系统单位设置"按钮，在"系统单位设置"对话框中，"系统单位比例"也选择"毫米"为单位。

二、导入别墅建筑一层平面图

在导入别墅建筑的 CAD 图之前，需要将标注、文字、符号等删除，只保留墙体、门窗、台阶等建筑结构线，便于后面墙体的创建。

在这个阶段，我们先创建别墅的一层墙体，需要导入别墅建筑的一层平面图。导入后，将别墅一层平面图坐标归零，用"选择并移动"工具选取导入的 CAD 图，在 3ds Max 界面下方的 X、Y、Z 轴坐标的文本框中，分别输入 0，让平面图回到坐标原点。

三、创建别墅一层墙体

1. 设置"捕捉"

建模前，单击 **2.5** "捕捉开关"按钮，或按 S 快捷键，激活 2.5 捕捉模式；右键单击"捕捉开关"，弹出"栅格和捕捉设置"对话框，将捕捉设置为"顶点"。

2. 描画别墅一层墙体轮廓

在右侧创建面板中，选择"图形"下的"线"工具，用捕捉模式将别墅一层的墙体外轮廓平面描画一圈，注意在门窗和墙体转折处需要加节点。一层门口的台阶需要单独做，因此这个阶段不需要画台阶部分。

3. 挤出别墅一层墙体

在修改面板修改器列表里选择"挤出"工具，单击"挤出"工具按钮后，在"参数"卷展栏的"数量"中输入 4000 mm，这是别墅一层墙体的高度。

为了显示出门窗的位置，用左键单击透视视图左上角的"默认明暗处理"，选择"边面"。这时别墅一层墙体模型上会出现竖线，当描画墙体轮廓时，在门窗处加节点后，挤出的模型上才会有竖线，便于后面门窗的制作。

4. 转换为可编辑多边形

由于别墅建筑不需要看到室内场景，因此可以不用翻转

法线，直接转换为可编辑多边形。在别墅模型上单击鼠标右键，弹出快捷菜单，选择"转换为"→"可编辑多边形"，如图 5.1.9 所示。

图 5.1.9 挤出别墅一层墙体

四、创建别墅一层门窗

扫码看视频
别墅一层门窗多边形建模

1. 导入别墅立面图

别墅一层墙体模型创建完成后，下一步是制作门窗。在制作门窗前，需要导入别墅建筑的立面图，对照立面图的门窗来创建墙体模型上的门窗。因为别墅墙体有四个面，立面图也要导入四个面。

别墅建筑立面图的导入，是决定别墅立面建模精确程度的一个重要参照物，因此要打开端点捕捉并与别墅墙体模型对齐，四个立面图通过视图切换，分别与别墅墙体对应的面对齐；立面图与别墅墙体模型要拉开一定距离，不要过于紧贴，以免影响后续的建模。

2. 创建别墅一层窗户

对照之前创建的别墅一层墙体窗户竖线和导入的别墅立面图，用多边形建模的方式，创建别墅一层的窗体和窗口。

首先从别墅建筑的大门方向开始做窗户。为避免四个立面图相互重叠干扰，应事先把除大门方向的立面图之外的其他三个立面图隐藏起来。其方法是，在顶视图上选取这三个立面图，单击鼠标右键，在弹出的快捷菜单中选择"隐藏选定对象"，把这三个立面图隐藏起来。

本方案中别墅的窗户外侧有窗口，所以要先把窗口创建出来，再去创建窗体。选择创建好的别墅一层墙体模型，在3ds Max右侧的修改面板中出现"可编辑多边形"面板。在"选择"卷展栏中，选择 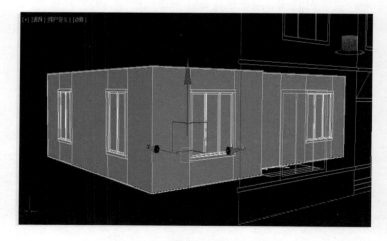 "边"，然后选择一个窗户的两边竖线，把它们变成红色。在"可编辑多边形"面板中，单击"编辑边"卷展栏下的"连接"右侧按钮，在"分段"栏中输入4，出现四条横线，分别作为窗口的上、下两条边沿。

再对照立面图的窗口位置，在前视图上调整四条横线的位置，做出窗口上、下两边的轮廓线。

接下来，做出窗口的左、右轮廓线。在"选择"卷展栏中，选择 "边"，选择上一步骤做好的窗口上、下内侧横线，在"可编辑多边形"面板中，单击"编辑边"卷展栏下的"连接"右侧按钮，在"分段"栏中输入2，出现两条竖线，分别作为窗口的左、右两条内侧边沿。在前视图上对照立面图，调整窗户左、右轮廓线，因为创建一层墙体时出现的两条竖线是窗户内侧的轮廓线，需要把它们移动到窗口的外侧，后创建的两条竖线作为窗口的内侧轮廓线。

在"选择"卷展栏中，选择 "多边形"，选取刚才创建的窗口轮廓线中间的部分，把它变成红色。然后单击"编辑多边形"卷展栏中的"挤出"右侧按钮，在"高度"栏中输入100 mm，红色部分就向外挤出高度为100 mm的窗口。

接下来，创建窗框。在"选择"卷展栏中，选择 "边"，选择窗口上、下内侧的两条线，把它们变成红色。在"可编辑多边形"面板中，单击"编辑边"卷展栏下的"连接"右侧按钮，在"分段"栏中输入2，出现两条竖线，这是窗户的两个竖向的窗框线，将窗户分成三个部分。

在"选择"卷展栏中，选择 "多边形"，选取刚才创建的窗户其中的一个部分，把它变成红色。

单击"编辑多边形"卷展栏中的"插入"右侧按钮，在"数量"栏中输入50 mm，创建出窗框的轮廓线。

选择窗框中间的面不变，单击"编辑多边形"卷展栏中的"挤出"右侧按钮，在"高度"栏中输入 −50 mm，红色部分就向内凹进50 mm，窗框自然就凸出来了。凹进去的面是窗户的玻璃，在后续工作中，我们要给它赋予材质。右边的两个窗框也是一样的操作。根据上面创建窗户的方法，完成别墅一层所有窗户的创建，如图5.1.10所示。

图5.1.10 创建别墅一层窗户

在创建窗户时，要仔细与立面图进行对照，保证窗户在指定位置创建。在创建不同立面的窗户时，需要将其他三个立面图隐藏起来，这样能避免图线重叠的干扰。

3. 创建别墅大门

别墅的大门做法和室内的门是一样的，但是考虑到有台阶，所以大门的下方需要留出台阶的位置。

在"选择"卷展栏中，选择 ◁ "边"，选择别墅大门位置左、右的两条线，把它们变成红色。单击"编辑边"卷展栏下的"连接"右侧按钮，因为大门的下方为台阶，所以要将"分段"栏设置为 2，这样就设置出大门上方横线和与台阶平齐的地面横线。

大门从台阶到雨棚下方的高度为 2000 mm，台阶高度为450 mm。为了让刚才创建的大门的两条横线位置准确，可以创建高为 2450 mm 和 450 mm 的两个长方体作为参照物。

将别墅大门上方的横线与高的长方体上方对齐，大门下方的横线与矮的长方体上方对齐，中间部分就是大门的位置。然后把这两个参照物删除。

在"选择"卷展栏中，选择 ▣ "多边形"，选取大门中间的部分，把它变成红色。单击"编辑多边形"卷展栏下的"挤出"右侧按钮，在"高度"栏中输入 −370 mm，红色部分就向内凹进 370 mm，这个数值与别墅外墙厚度一致。然后删除红色的面，完成别墅大门门洞的创建。

接下来，导入别墅大门的模型。依次单击菜单栏中的"文件"→"导入"→"合并"，选择事先准备好的别墅大门模型，将其导入别墅建筑的场景。因为大门模型的尺寸与门洞的尺寸不一致，所以需要通过缩放工具来调整大门模型的大小，使大门模型与门洞吻合，如图 5.1.11 所示。

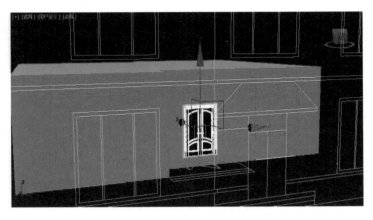

图 5.1.11 创建别墅大门

4. 创建别墅台阶

别墅大门处的台阶创建比较简单，可以用长方体创建。在顶视图界面，激活 2.5 捕捉模式，对照平面图创建最底层的台阶，高度设置为 150 mm；再创建二层和三层的台阶。对照立面图，把这两个台阶调整到合适的位置，再合成一组，如图 5.1.12 所示。

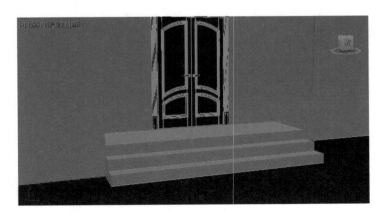

图 5.1.12 创建别墅台阶

5. 创建别墅一层腰线

选择别墅一层墙体，单击鼠标右键，选择"孤立当前选择"，把别墅一层墙体孤立出来，便于下一步操作。

激活 2.5 捕捉模式，在右侧图形面板中，选择"线"工具，绕别墅一层墙体外轮廓一周描画。因为门的位置需要断开，所以要从门开始描边，到门的另一侧结束。保持刚才创建的轮廓线为当前选择，打开右侧修改面板，在"选择"卷展栏中，单击"样条线"，在下方"几何体"卷展栏中，单击"轮廓"按钮，单击轮廓线，在右侧输入 100 mm，做出腰线的厚度。再单击"挤出"右侧按钮，在"参数"卷展栏中的"数量"栏中输入 100 mm，做出高度。将别墅立面图取消隐藏，然后对照立面图，将腰线移动到合适的位置。做完后，记得把门口处的腰线位置调整一下，门口的位置要让出来。如图 5.1.13 所示。

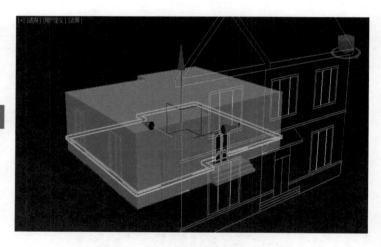

图 5.1.13 创建别墅一层腰线

五、创建别墅一层雨棚

雨棚是设在建筑物出入口上方用来挡雨、挡风，使大门免受雨水侵蚀的一种建筑结构。在这里我们做一个悬挑斜顶的雨棚。所谓悬挑结构，就是雨棚有自己独立的支撑结构，不依附于柱子等其他建筑构件。这种结构的雨棚质量比较轻，可以通过墙壁固定来支撑。

扫码看视频

别墅一层雨棚多边形建模

雨棚模型也可以用多边形工具来创建。基本的流程是，用长方体工具创建一个和雨棚大小一致的长方体，把这个长方体转成可编辑多边形。然后通过挤出和顶点的调整，将长方体变形，做成雨棚的样子。

首先激活 2.5 捕捉模式，在界面右侧几何体面板中，选择"长方体"，用长方体工具做一个长、宽和最上面那层台阶一样尺寸的长方体，高度为 100 mm，把它移动到雨棚的高度上。

选中刚才创建的长方体，单击鼠标右键，选择"转换为"→"可编辑多边形"，将长方体转换成多边形模式，便于进一步编辑修改。

在"可编辑多边形"面板中，选择"选择"卷展栏中的 ■"多边形"，再选取长方体上方的平面，把它变成红色。

单击"编辑多边形"卷展栏中的"挤出"右侧按钮，在"高度"栏中输入 850 mm，挤出雨棚的高度。

切换到前视图，对照立面图中雨棚的形状，激活 2.5 捕捉模式，选择"选择"卷展栏中的 ⚬⚬ "顶点"，调整雨棚的各个节点，把它变成梯形，与立面图中雨棚的形状一致。然后选择雨棚上方最外侧的两个点，把它们向后移动到墙面，如图 5.1.14 所示。

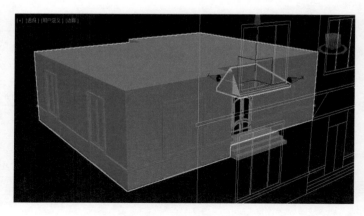

图 5.1.14 创建别墅一层雨棚

六、创建别墅二层墙体

别墅二层的模型，和一层基本一样，但也有不一样的地方。例如：二层层高和一层不同，没有大门，窗户高度不同等。在建模时，还是要结合别墅二层的平面图和立面图来创建。

首先在原别墅模型场景中，隐藏之前创建的别墅一层模型、一层平面图和各个立面图，导入别墅建筑的二层平面图。激活 2.5 捕捉模式，在右侧创建面板中，选择图形面板下的"线"工具，用捕捉模式将别墅二层的墙体外轮廓平面描画一圈，注意在窗和墙体转折处需要加节点。

二层外墙轮廓线做完后，到右侧修改面板中，单击"挤出"右侧按钮，挤出高度为 3500 mm。然后单击鼠标右键，将它转换为可编辑多边形，进入多边形建模环节。把原来的别墅一层模型和别墅④~①立面图取消隐藏，并通过捕捉模式，将别墅二层的模型移动到别墅一层模型的上方并进行对接。这样能够比较容易地和别墅的立面图进行对照。别墅二层的模型做到这一步，还没有创建窗户，一定要和一层部分进行对照，看看建模的尺寸有没有错误，如果有错误，返工也比较容易。墙体建完后，把一层的腰线复制到二层，然后将它转换为可编辑多边形，选择"选择"卷展栏中的 "顶点"，移动原来别墅大门处的缺口处节点，与另一侧对齐封闭。别墅二层墙体的模型就完成了，如图 5.1.15 所示。

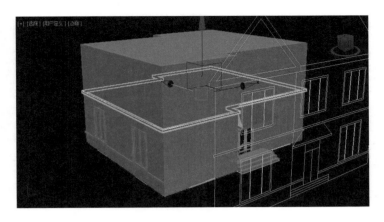

图 5.1.15 创建别墅二层墙体

> **注意**
>
> 这个阶段主要是注意模型的尺寸和立面图对应的问题，还要考虑别墅一层和二层衔接的问题。如果这两个模型衔接不上，不能完全吻合，那就说明一层和二层的平面图尺寸有差异。这时候就要修改平面图了。这也意味着建模要返工。因此，我们在做平面图的时候，一定要严谨，墙体、窗户的尺寸，以及两个楼层的尺寸都要进行比对，保证尺寸的准确。

七、创建别墅二层窗户

别墅二层窗户的创建方法，和一层是一样的，但是窗户的尺寸不同，需要对照各个方向的立面图去创建。按照多边形建模的顺序，可以先做别墅大门方向的正立面窗户，再按照顺时针方向分别完成其他方向的窗户创建，如图 5.1.16 所示。

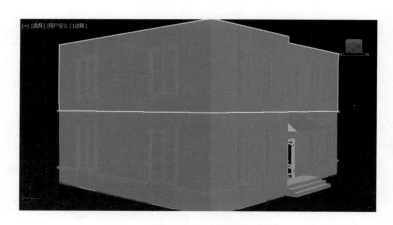

图 5.1.16 创建别墅二层窗户

> **注意**
>
> 如果大家能够完成别墅一层的窗户制作，那么别墅二层的窗户也能够比较容易地完成。只要大家掌握了正确的方法和步骤，这些工作都是比较简单的。但是这里面重复的工作比较多，所以，这种工作需要的是耐心和细心，只要把握好尺寸和细节，工作任务是很容易完成的。

八、创建别墅屋顶

在创建别墅屋顶之前，我们需要对别墅屋顶平面进行分析。在顶视图上，我们看屋顶的平面也不是很规则，两侧是凸出的。整个屋顶要做成 S 形。在这里，为了便于大家掌握，我们要把屋顶分成三个部分来做。中间的大屋顶，用多边形建模来做，两侧凸出的部分，各做一个小屋顶，然后和大屋顶进行拼接。

扫码看视频

别墅屋顶多边形建模

1. 导入屋顶平面图

将别墅主体模型和立面图都隐藏起来，然后导入屋顶平面图，作为本次别墅屋顶建模的参照。

2. 创建屋顶的基础

由于别墅屋顶的结构比较复杂，它不是一个规则的形状，因此，我们需要分成三个部分来创建屋顶：屋顶中间可以概括成一个长方体部分，右上角和左下角凸出的部分是另外两个部分。

首先，激活 2.5 捕捉模式，在创建面板中选择几何体面板中的"平面"，通过捕捉的方式画出别墅屋顶中间的部分，再将平面的长度分段和宽度分段均改为 1。

3. 创建别墅屋檐

别墅建筑的屋顶，不是从墙体上直接搭建的，而是要做一个凸出的檐口。

选取这个平面，单击鼠标右键，选择"转换为"→"可编辑多边形"，将该平面转换为可编辑多边形。单击"选择"卷展栏中的 ▣ "多边形"按钮，选择平面上的那个面，把它变成红色，然后在"编辑多边形"卷展栏中单击"挤出"右侧按钮，做出挤出高度为 300 mm 的檐。

4. 创建别墅中间的屋顶

接下来，需要做出上面的坡顶。选择刚才挤出的面，在"编辑多边形"卷展栏中单击"挤出"右侧按钮，挤出高度为 3000 mm；调出别墅④～①立面图，再单击"选择"卷展栏下的 ⚬⚬ "顶点"，对照别墅④～①立面图，先把左上角画框选中，往里倾斜，和别墅④～①立面图一致。再调出别墅左侧的立面图，从左侧调整屋顶的斜面，与别墅左侧立面图屋顶一致。中间屋顶创建完成后，与别墅墙体对齐，并将该屋顶命名为"屋顶-1"。

5. 创建别墅两侧屋顶

把刚才创建的别墅中间屋顶模型、屋顶平面图和别墅④~①立面图孤立出来，便于我们下一步创建别墅左侧的屋顶。

激活2.5捕捉模式，在前视图上，选择图形面板中的"线"，沿着别墅④~①立面图中的左侧三角形屋顶画两个三角形，注意外侧的三角形要把屋檐画出来。

将刚才画的两个三角形孤立出来，先选择外侧的三角形，在右侧修改面板中的"几何体"卷展栏下，单击"附加"，再选择内侧的三角形，这时两个三角形就合成一个了。

选择右侧修改面板中的"挤出"工具，单击合成后的三角形，在"参数"卷展栏中设置"数量"为7260 mm，这个三角形屋顶的长度就变成7260 mm。然后，激活2.5捕捉模式，捕捉三角形屋顶内侧的三个角，做一个三角形，再单击"挤出"右侧按钮，在"数量"栏中输入100 mm，将这个三角形向屋顶内侧移动200 mm，把屋顶的中间部分封住。

选择刚才创建的屋顶模型，在菜单栏中选择"组"→"组"，出现一个"组"对话框，将组名改成"屋顶-2"，把它们合成一个组，再与中间的大屋顶对接。

按照左侧屋顶模型的创建方法，创建右侧屋顶。并与中间的大屋顶进行对接，整个别墅建筑的模型就完成了，如图5.1.17所示。

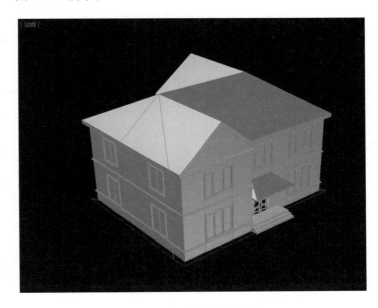

图 5.1.17 创建别墅屋顶

> **注意**
>
> 别墅屋顶是由三部分组成的，每一部分在制作和拼接时，要严格与立面图进行对应，左侧的小屋顶对应别墅④~①立面图，右侧的小屋顶对应别墅①~④立面图。这样在三个屋顶拼接时，才能准确对接。

3ds Max 数字创意表现 实训任务单

项目名称	项目 5 别墅建筑模型制作	任务名称	任务 1 别墅建筑建模
任务学时	10 学时		
班 级		组 别	
组 长		组 员	
任务目标	1. 能够用多边形建模的方式，创建别墅建筑的墙体； 2. 能够用多边形建模的方式，创建别墅建筑的门窗； 3. 能够用多边形建模的方式，创建别墅建筑的屋顶； 4. 小组成员具有团队意识，能够合作完成任务； 5. 能够对自己所做别墅建筑建模的过程及效果进行陈述； 6. 小组成员具有团队意识，能够合作完成任务		
实训准备	预备知识：1.3ds Max 界面基本设置方法；2. 三维模型创建基本工具的使用方法；3. 工具栏中常规工具的使用方法。 工具设备：图形工作站电脑、A4 纸、中性笔。 课程资源："3ds Max 数字创意表现"在线课——智慧树网站链接： https://coursehome.zhihuishu.com/courseHome/1000062541#teachTeam		
实训要求	1. 熟悉多边形建模的基本知识； 2. 掌握多边形建模的基本流程和建模方法； 3. 根据提供的别墅建筑平面图，完成别墅建筑建模； 4. 认真查看别墅建筑平面图，小组集体讨论别墅建筑建模工作计划； 5. 旷课两次及以上者、盗用他人作品成果者单项任务实训成绩为零分，旷课一次者单项任务实训成绩为不合格		
实训形式	1. 以小组为单位进行别墅建筑模型创建的任务规划，每个小组成员均需要完成别墅建筑模型的建模实训任务； 2. 分组进行，每组 3~6 名成员		
成绩评定方法	1. 总分 100 分，其中工作态度 20 分，过程评价 30 分，完成效果 50 分； 2. 上述每项评分分别由小组自评、班级互评、教师评价和企业评价给出相应分数，汇总到一起计算平均分，形成本次任务的最终得分		

3ds Max 数字创意表现 实训评价单

项目名称	项目5 别墅建筑模型制作	任务名称	任务1 别墅建筑建模			
班　级		组　别				
组　长		组　员				
评价内容	评价标准		小组自评	班级互评	教师评价	企业评价
工作态度 (20分)	1. 出勤：上课出勤良好，没有无故缺勤现象。(5分)					
	2. 课前准备：教材、笔记、工具齐全。(5分)					
	3. 能够积极参与活动，认真完成每项任务。(10分)					
过程评价 (30分)	1. 能够制订完整、合理的工作计划。(6分)					
	2. 具有团队意识，能够积极参与小组讨论，能够服从安排，完成分配的任务。(6分)					
	3. 能够按照规定的步骤完成实训任务。(6分)					
	4. 具有安全意识，课程结束后，能主动关闭并检查电脑及其他设备电源。(6分)					
	5. 具有良好的语言表达能力，能够有效进行团队沟通。(6分)					
完成效果 (50分)	1. 别墅墙体建模(15分)	(1) 系统单位设置准确。(3分)				
		(2) CAD平面布置图导入准确。(3分)				
		(3) 系统坐标有归零设置。(3分)				
		(4) 别墅墙体建模准确。(3分)				
		(5) 别墅台阶建模准确。(3分)				
	2. 别墅门窗建模(15分)	(1) 别墅窗口建模准确，无变形。(5分)				
		(2) 别墅窗体建模准确，无变形。(7分)				
		(3) 别墅门建模准确，无变形。(3分)				
	3. 别墅雨棚建模(10分)	(1) 能够用多边形建模方法创建雨棚。(3分)				
		(2) 别墅雨棚建模结构准确。(4分)				
		(3) 别墅雨棚表面无变形。(3分)				
	4. 别墅屋顶建模(10分)	(1) 能够用多边形建模方法创建屋顶。(3分)				
		(2) 别墅屋顶建模结构准确。(4分)				
		(3) 别墅屋顶表面无变形。(3分)				
总得分(100分)						

任务 2

别墅模型材质制作

别墅模型的材质制作，基本流程包括模型完整度检查、创建材质球、导入材质贴图、编辑材质、设置贴图坐标、材质赋予模型六个步骤，如图 5.2.1 所示。

图 5.2.1 别墅模型材质制作流程

1. 材质编辑前准备

在编辑材质前，首先选定需要赋予材质的模型，确定该模型所需要的材质种类、材质特点、材质纹理效果等，并考虑该材质与整体空间的协调关系等。

2. 材质编辑

根据别墅模型材质及设计方案的制定情况，可以按照天棚—墙面—地面—陈设的顺序编辑材质，并把材质赋予模型上。

3. 别墅模型效果图材质编辑要求

（1）材质编辑前，要在"渲染设置"窗口中选用 VRay 渲染器，这样在材质编辑器中，才能调用 VRay 材质编辑界面。

（2）要根据材质的特点设置材质的漫反射、反射与折射的数值。

（3）连续纹理的材质，赋予模型时，要做到无缝衔接。

（4）材质赋予模型后，要调整模型的 UVW 贴图坐标，避免有纹理的材质

贴图变形。

房屋的外立面当然不只是美观这么简单，实际上它还担负着防潮、防水、防噪声、保温等功能。外立面需要定期保养维护，以达到一定的使用年限，所以要具有抗腐蚀、防水、抗紫外线、容易清洗等特性。

一、涂料

1. 外墙乳胶漆

外墙乳胶漆仅有清洁作用，好的乳胶漆几年后仍然如新。外墙乳胶漆无弹性、无防开裂作用，多用于广东、香港等无外保温地区，且更常用于旧建筑更新。

2. 弹性涂料

弹性涂料用于有外保温需求地区，因外保温是用板块拼接的，所以会随建筑物沉降而产生错位，从而引起外墙涂层错位拉力，使涂料开裂。故必须使外墙涂层有弹性、防开裂功能。

3. 质感涂料

质感涂料是用石英砂做的，类似于一些小砂粒做成的效果，优点是能够做出多种肌理感，质感更为丰富，缺点是质感涂料基本都是单色（也可复合做多色）。

4. 真石漆

真石漆的材质主要是以天然石材粉碎颗

粒做成的,应用于建筑外墙,用于模仿石材效果,能够模仿大理石、花岗岩等天然石材的花纹立体结构。真石漆一般分为单彩和多彩。

5. 多彩涂料

多彩涂料的原料和真石漆不同,不含石材颗粒,是使用树脂或者乳液做成的,液体状的时候类似奶茶的效果,喷涂之后,有其他颜色的小点,类似花岗岩的效果。

二、砖墙

优点:坚固耐用,具备很好的耐久性和质感,易清洗,具有防火、耐磨、耐腐蚀等特点。耐久性包括了耐脏、耐旧、耐擦洗、寿命长等特性,在环境污染比较严重、灰尘多的地区,具有优势。

缺点:首次投入的成本较高,施工的难度大,后期维护的成本也高。如果施工的技术不过关,容易造成脱落伤人。同时,必须另外采用防水材料解决防水问题。从环保的角度讲,清洗过程中用酸会对大气造成污染。采用面砖的外墙,一旦发生渗水问题,较难找到渗水的位置,给维修带来不便。

三、石材

1. 大理石

大理石美观庄重、格调高雅,是豪华装饰的理想材料,比较适合室内的装饰。但大理石所产生的辐射,会对人体造成不好的影响,且其造价比较高。另外,空气中所含的酸性物质和盐类,对大理石有腐蚀作用,导致表面失去光泽甚至被破坏,因此,绝大部分大理石不适合做外立面材料。

2. 花岗岩

花岗岩不易风化,颜色美观,在户外使用也能长期保持光泽不变,适用于高档住宅的外墙装饰。一般用在建筑的底下2~4层的位置,给人厚重、牢固的感觉。但其成本比较高,

自身的质量比较大,通常不用于整幢高层建筑。花岗岩的外墙施工工艺主要是干挂工艺,能够有效地避免传统湿贴工艺出现的板材空鼓、开裂、脱落等现象。

3. 文化石

天然文化石主要是沉积砂岩和硬质板岩;人造文化石产品是以水泥、沙子、陶粒等无机材料加工成的。文化石吸水性低,易安装,耐酸性好,不易风化,耐热耐冻。一般适用于高档别墅、公共建筑外立面的局部点缀。

任务实施

扫码看视频

别墅模型材质编辑

要求:根据企业设计项目的任务要求,完成设计项目别墅模型场景的外立面材质的编辑。

一、开启材质编辑器

单击工具栏上的材质编辑器按钮,或按快捷键"M"激活材质编辑器。为了更直观一些,3ds Max 材质编辑器在这里使用精简模式。

二、设置材质球

1. 石材材质编辑

3ds Max 2020 版材质编辑器的界面上,默认有 24 个材质球,选择第一个材质球,用于制作石材材质。编辑显示在材质编辑器工具栏下面的名称字段,单击 VRry 材质球下方"漫反射"右侧按钮,进入"材质/贴图浏览器"对话框,选择"位图",选择一张合适的石材贴图,设置反射的 RGB 颜色数值为"100,100,100",设置"反射光泽度"为0.85,勾选"菲涅尔反射"复选框,如图 5.2.2、图 5.2.3 所示。

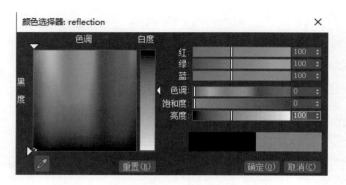

图 5.2.2 设置石材材质的反射

图 5.2.3 设置反射光泽度

2. 亚光石材材质编辑

（1）打开 3ds Max 材质编辑器，选择一个材质球，设置为 VRay 材质，命名为"亚光瓷砖"，赋予它背景，并将材质赋予场景中的物体上。在"基本参数"卷展栏中，将"反射"选项栏中的"反射值"设置为 50，将"反射光泽度"设置为 0.8。

（2）在"漫反射"右侧的通道上为它添加一张亚光石材材质的纹理贴图，并将它赋予到场景中的物体上。

（3）对"反射"参数进行设置。因为亚光石材材质是菲涅尔反射，所以我们在它后面的通道上添加衰减。单击"反射"右侧按钮，在弹出的"材质／贴图浏览器"对话框中，选择"通用"栏下的"衰减"，并设置"衰减类型"为"Fresnel"，如图 5.2.4 所示。

图 5.2.4 衰减设置

（4）接下来分析亚光石材材质的光泽度，我们将 3ds Max 光泽度稍微调低一点，参数设置为 0.83。

3. 艺术石材材质编辑

打开材质编辑器，选择一个材质球，设置为 VRay 材质，命名为"水泥材质"，将它赋予场景中的物体上。

单击"漫反射"右侧按钮，选中"位图"，挑选一张材质贴图，单击"将材质指定给选定对象"按钮，单击透视视图左上角的"显示明暗材质"，在 3ds Max 视口中预览效果。

单击"反射"右侧按钮，选中"衰减"，单击"确定"按钮。设置"衰减类型"为"Fresnel"。单击"转到父对象"按钮，勾选"菲涅尔反射"，调低"反射光泽度"。展开下方的"贴图"栏，选中"凹凸"，按住鼠标左键把"漫反射"的位图拖至"凹凸"后面的"无贴图"处，松开鼠标左键，在弹出的"复制（实例）贴图"对话框中选择"实例"。"凹凸"值一般调在 40.0~60.0 即可，如图 5.2.5 所示。

图 5.2.5 "凹凸"值设置

3ds Max 数字创意表现 实训任务单

项目名称	项目 5 别墅建筑模型制作	任务名称	任务 2 别墅模型材质制作
任务学时	8 学时		
班 级		组 别	
组 长		组 员	
任务目标	1. 能够用材质编辑器制作石材材质； 2. 能够用材质编辑器制作亚光石材材质； 3. 能够用材质编辑器制作艺术石材材质； 4. 小组成员具有团队意识，能够合作完成任务； 5. 能够对自己所做材质的过程及效果进行陈述		
实训准备	预备知识： 1. 材质编辑器的使用方法；2. 常规装饰材料种类的认知；3. 常规装饰材料物理性能的认知。 工具设备：图形工作站电脑、A4 纸、中性笔。 课程资源："3ds Max 数字创意表现"在线课——智慧树网站链接： https://coursehome.zhihuishu.com/courseHome/1000062541#teachTeam		
实训要求	1. 熟悉常规装饰材料的基本知识； 2. 掌握材质编辑器使用的基本流程和方法； 3. 根据提供的会议室场景模型，完成石材材质、亚光石材材质和艺术石材材质的制作； 4. 小组集体讨论别墅模型材质制作的工作计划； 5. 旷课两次及以上者、盗用他人作品成果者单项任务实训成绩为零分，旷课一次者单项任务实训成绩为不合格		
实训形式	1. 以小组为单位进行别墅材质制作的任务规划，每个小组成员均需要完成别墅材质制作的实训任务； 2. 分组进行，每组 3~6 名成员		
成绩评定方法	1. 总分 100 分，其中工作态度 20 分，过程评价 30 分，完成效果 50 分； 2. 上述每项评分分别由小组自评、班级互评、教师评价和企业评价给出相应分数，汇总到一起计算平均分，形成本次任务的最终得分		

3ds Max 数字创意表现 实训评价单						
项目名称	项目 5 别墅建筑模型制作		任务名称	任务 2　别墅模型材质制作		
班　　级			组　　别			
组　　长			组　　员			
评价内容	评价标准		小组自评	班级互评	教师评价	企业评价
工作态度 (20分)	1. 出勤：上课出勤良好，没有无故缺勤现象。(5分)					
	2. 课前准备：教材、笔记、工具齐全。(5分)					
	3. 能够积极参与活动，认真完成每项任务。(10分)					
过程评价 (30分)	1. 能够制订完整、合理的工作计划。(6分)					
	2. 具有团队意识，能够积极参与小组讨论，能够服从安排，完成分配的任务。(6分)					
	3. 能够按照规定的步骤完成实训任务。(6分)					
	4. 具有安全意识，课程结束后，能主动关闭并检查电脑及其他设备电源。(6分)					
	5. 具有良好的语言表达能力，能够有效进行团队沟通。(6分)					
完成效果 (50分)	1. 石材材质制作 (15分)	(1) 材质漫反射数值准确。(5分)				
		(2) 材质反射数值准确。(5分)				
		(3) 模型加 UVW 贴图数值准确。(3分)				
		(4) 材质能够准确赋予模型。(2分)				
	2. 亚光石材材质制作 (15分)	(1) 材质漫反射数值准确。(5分)				
		(2) 材质反射数值准确。(5分)				
		(3) 模型加 UVW 贴图数值准确。(3分)				
		(4) 材质能够准确赋予模型。(2分)				
	3. 艺术石材材质制作 (20分)	(1) 材质漫反射数值准确。(5分)				
		(2) 材质反射数值准确。(5分)				
		(3) 模型加 UVW 贴图数值准确。(5分)				
		(4) 材质能够准确赋予模型。(5分)				
总得分（100分）						

任务 3

别墅场景灯光设置

任务解析

别墅场景的灯光设置，基本流程包括设置前检查、灯光创建和灯光测试三个部分。如图 5.3.1 所示。

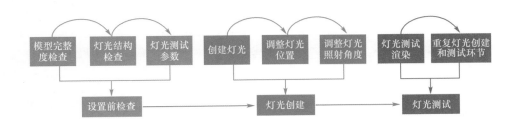

图 5.3.1 灯光设置流程图

知识链接

一、三点照明

三点照明是别墅庭院灯光主要的布局方式。可以用三盏灯，把大场景拆分成若干个较小的区域进行布光，分别为主体光、辅助光与背景光。相关知识可参见"项目 4"的任务 3。

二、建筑布光的顺序

1. 先定主体光的位置与强度。

2. 再定辅助光的强度与角度。

3. 分配背景光。这样产生的布光应该能达到主次分明、互相补充的效果。

三、区域布光的注意事项

1. 灯光宜精不宜多

过多的灯光使工作过程变得杂乱无章，难以处理，显示与渲染速度也会受到严重影响。只保留必要的灯光。另外，要注意灯光投影与阴影贴图及材质贴图的用处，能用贴图替代灯光的地方最好用贴图去做。例如：要表现晚上从室外观看到的窗户内灯火通明的效果，用自发光贴图去做会更方便，效果也更好，而不要用灯光去模拟。切忌随手布光，否则成功率将非常低。

2. 灯光要有层次性

根据需要选用不同种类的灯光，如模拟射灯效果需要用目标灯光搭配光域网，模拟阳光效果需要用 VRay 太阳光等；根据需要决定灯光是否投影，以及阴影的浓度；根据需要决定灯光的亮度与对比度。如果要达到更真实的效果，一定要在灯光衰减方面下一番功夫。可以利用暂时关闭某些灯光的方法排除干扰，对其他的灯光进行更好的设置。

3. 灯光是可以超现实的

要学会利用灯光的"排除"与"包括"功能决定灯光对某个物体是否起到照明或投影作用。例如：要模拟烛光的照明与投影效果，我们通常在蜡烛灯芯位置放置一盏泛光灯。如果这盏灯不对蜡烛主体进行投影排除，那么蜡烛主体将在桌面上形成很大一片阴影。在建筑效果图中，也往往会通过"排除"的方法使灯光不对某些物体产生照明或投影效果。

4. 布光时应该遵循由主体到局部、由简到繁的过程

要形成一定的灯光效果，应该先调整角度定下主格调，再调整灯光的衰减等特性来增强现实感，最后调整灯光的颜色进行细致修改。如果要模拟自然光的效果，还必须对自然光有足够深刻的理解。多看摄影用光的书、多做试验，会很有帮助的。不同场合下的布光用灯也是不一样的。在建筑效果图的制作中，为了表现金碧辉煌的效果，往往会把主灯光的颜色设置为淡淡的橘黄色，以达到材质不容易做到的效果。

任务实施

扫码看视频

场景灯光布置

要求：根据企业设计项目的任务要求，分析场景内所有光源的布置点位和设置，使用 3ds Max 灯光或 VRay 灯光中的各种类型灯对场景进行布光，完成某设计项目最终场景的照明和装饰效果。

一、别墅室外布光——VRay 太阳

要对别墅建筑模型的场景灯光进行布置，主要是对 VRay 太阳和 VRay 天光进行设置，以模拟真实场景。室外灯光主要是阳光和天光这两项。阳光是太阳直射的光，天光是太阳光通过大气层反射的蓝色光谱。

在场景中，阳光是用 VRay 太阳来进行调节的。首先打开创建面板，选择"灯光"，选择 VRay 太阳。打灯的原则一定是从上往下打，而且一定要有倾斜度，如图 5.3.2 所示。选择前视图，把灯光拉到一定的倾斜角度。到修改面板里对 VRay 太阳的参数进行调整。首先要调整它的强度倍增，这就是太阳光的亮度，它的值越高，则太阳越亮；反之，则越暗。

浊度是空气的一个清晰程度，值越小，空气越清晰；反之，则越浑浊。可以给它调成 1.0，一定要勾选"不可见"。如果在太阳前面有其他模型影响太阳光的直射，可以排除太阳光前面的模型。

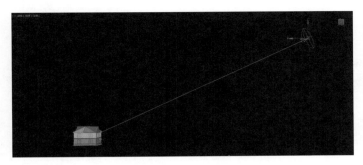

图 5.3.2 VRay 太阳光

二、别墅室外布光——VRay 球天

首先关掉环境里的 VRay 天光贴图，在创建面板"几何体"中选择"球体"，在场景中创建一个球体，将右侧参数卷展栏的"半球"设置为 0.5，将此半球命名为"球天"。

接下来，VRay 太阳需要排除球天，以便阳光能照射到别墅模型场景中。单击 VRay 太阳，在右侧修改面板的"选项"卷展栏中单击"排除"按钮，在弹出的"排除／包含"对话框中，将左侧"场景对象"中命名为"球天"的半球选中，单击中间的右箭头，将"球天"移动到右侧，然后单击"确定"按钮，VRay 太阳就把"球天"排除了，如图 5.3.3 所示。

图 5.3.3 球天的创建

打开材质编辑器，将一个空的材质球命名为"球天"，然后将它设置为 VRayMtl 材质。单击"漫反射"右侧按钮，导入指定的球天天空贴图，将其赋予命名为"球天"的半球模型。选择半球模型，在右侧修改面板单击"UVW 贴图"，

给半球模型附加一个"UVW 贴图"。在下方"参数"卷展栏中选择"球形"，将天空贴图均匀贴到球天模型上。

在 VRay 位图里有一个全局倍增。如果球天的环境太暗，则增加这个数值。如果球天特别亮，就适当减小这个数值。这里设置为 2.0。

回到上一层级，同样需要复制。如果想让球天对环境产生光照的影响，需要勾选 GI。下面进行初步的渲染来观察布光的效果，如图 5.3.4 所示。

图 5.3.4 初步渲染效果

三、别墅室外布光——使用穹顶光源

均匀照射整个场景是穹顶状的光源类型，该光源的光源位置和尺寸对照射效果几乎没有影响，其效果类似于 3ds Max 中的天光灯。穹顶光源常被用来设置空间较为宽广的室内场景（教堂、大厅等）或在室外场景中模拟环境光。

1. 运行 3ds Max，打开素材"别墅源文件 .max"，该文件已经设置了场景中对象的材质，在本实例中，需要为场景添加光源。

2. 进入 VRay 灯光创建面板。

3. 现在使用穹顶模拟天光，它和平面模拟灯光有所不同。我们用 VRay 的平面来模拟天光，它有三个好处，第一个好处就是参数设置比较简单；第二个好处就是场景的阴影比较真实；第三个好处就是它的噪点比较小。

3ds Max 数字创意表现 实训任务单

项目名称	项目 5 别墅建筑场景制作	任务名称	任务 3 别墅场景灯光设置
任务学时	2 学时		
班　　级		组　　别	
组　　长		组　　员	
任务目标	1. 能够在别墅场景内使用 VRay 灯光的方式，创建场景外的太阳和天光； 2. 能够在别墅场景内使用 VRay 灯光的方式，创建场景外的球天； 3. 能够在别墅场景内使用 VRay 灯光的方式，创建场景外的穹顶光源； 4. 小组成员具有团队意识，能够合作完成任务； 5. 能够对自己所做别墅场景灯光创建的过程及效果进行陈述		
实训准备	预备知识：1. 界面基本设置方法；2. 三维模型创建基本工具的使用方法；3. 工具栏中常规工具的使用方法。 工具设备：图形工作站电脑、A4 纸、中性笔。 课程资源："3ds Max 数字创意表现"在线课——智慧树网站链接： https://coursehome.zhihuishu.com/courseHome/1000062541#teachTeam		
实训要求	1. 熟悉 3ds Max 灯光的基本知识和具体参数； 2. 掌握 VRay 灯光的基本知识和具体参数； 3. 根据提供的场景模型，能够完成场景内灯光的创建； 4. 认真查看别墅平面布置图，小组集体讨论别墅场景灯光工作计划； 5. 旷课两次及以上者、盗用他人作品成果者单项任务实训成绩为零分，旷课一次者单项任务实训成绩为不合格		
实训形式	1. 以小组为单位进行别墅场景灯光创建的任务规划，每个小组成员均需要完成别墅场景灯光创建的实训任务； 2. 分组进行，每组 3~6 名成员		
成绩评定方法	1. 总分 100 分，其中工作态度 20 分，过程评价 30 分，完成效果 50 分； 2. 上述每项评分分别由小组自评、班级互评、教师评价和企业评价给出相应分数，汇总到一起计算平均分，形成本次任务的最终得分		

3ds Max 数字创意表现 实训评价单

项目名称	项目 5 别墅场景制作			任务名称	任务 3 别墅场景灯光设置			
班　级				组　别				
组　长				组　员				
评价内容	评价标准				小组自评	班级互评	教师评价	企业评价
工作态度 (20 分)	1. 出勤：上课出勤良好，没有无故缺勤现象。(5 分)							
	2. 课前准备：教材、笔记、工具齐全。(5 分)							
	3. 能够积极参与活动，认真完成每项任务。(10 分)							
过程评价 (30 分)	1. 能够制订完整、合理的工作计划。(6 分)							
	2. 具有团队意识，能够积极参与小组讨论，能够服从安排，完成分配的任务。(6 分)							
	3. 能够按照规定的步骤完成实训任务。(6 分)							
	4. 具有安全意识，课程结束后，能主动关闭并检查电脑及其他设备电源。(6 分)							
	5. 具有良好的语言表达能力，能够有效进行团队沟通。(6 分)							
完成效果 (50 分)	1. 模型检查部分 (10 分)	(1) 系统单位设置准确。(2 分)						
		(2) 模型无破面。(3 分)						
		(3) 模型无错面。(2 分)						
		(4) 模型分段均匀。(3 分)						
	2. 灯光创建 (20 分)	(1) 环境 GI 等参数无问题。(5 分)						
		(2) 太阳光创建参数准确。(10 分)						
		(3) 辅助灯光创建参数准确。(5 分)						
	3. 测试渲染 (20 分)	(1) 灯光测试渲染参数无问题。(5 分)						
		(2) 场景的灯光测试渲染出图无问题。(15 分)						
总得分 (100 分)								

任务 4

别墅场景效果图渲染设置

任务解析

别墅场景效果图渲染是整个环节的最后步骤，可以通过渲染得到最终的效果图，基本流程包括渲染前检查、调整渲染参数和渲染保存三个部分，如图 5.4.1 所示。

图 5.4.1 成图渲染流程图

知识链接

一、3ds Max 中 VRay 渲染器和默认渲染器的区别

3ds Max 默认的渲染器的光线反弹等都要用户手动模拟，非常烦琐且不真实。VRay 渲染器简单易上手，不管是动画还是效果图都能快速渲染且效果好，是目前市场上用户最多的渲染器。

VRay 内置的光子等高级渲染方法，是在光源处发射光子用来模拟跟踪真实情况下光线的反弹和衰减。也就是说，VRay 通过物理学和数学辅助计算，帮助用户大大降低了达到真实级别的布光的难度。

二、VRay 渲染时常见问题的解决方法

1. 渲染速度慢的问题

VRay 渲染速度和计算机的硬件配置是成正比的。除此之外，渲染速度和 VRay 渲染设置也有关系。在画面效果允许的情况下，尽量将影响快速渲染的参数关闭或设置为最低值，如光线的二次反弹、灯光、材质的细分参数设置等。

2. 渲染时画面有斑点和噪点的问题

降低 VRay 渲染设置面板中的图像采样器细分参数，并使用较低的材质反射和折射率，能够有效减少斑点和噪点。

3. 内存不足或渲染失败的问题

要解决此类问题，除了增加计算机硬件内存外，还可以对场景中复杂模型的多边形数量进行简化，或使用比较简单的模型进行代替，减少计算机渲染时的内存工作量。

三、影响 VRay 渲染速度的因素

1. 模型因素

VRay 渲染器在模型的每个细节区

域都分布了密集的光子，如果模型相对简单，光子密集区域也较少。如果模型存在很多造型和细节，光子分布在转角区域也就更加密集，这些密集的光子计算耗费了更多的渲染时间。模型的复杂程度对渲染的影响较大，有时候设计造型上的需要导致模型复杂，为了降低对渲染的影响，只能使这类物体尽可能少地出现在摄影机的拍摄视野里。当然，这也要看这个物体是不是用户要表现的主体。

2. 材质因素

（1）材质中参数对渲染速度的影响

反射：物体反射越强烈，漫反射的颜色亮度值越高，则速度越慢。

光泽度：模型反射效果越模糊，参数设置的值越低，则速度越慢。

模糊颗粒：材质表面模糊颗粒越细腻，参数设置值越高，则速度越慢。

反射：模型反射越丰富，次数越多，则速度越慢。

折射：颜色亮度值越高则速度越慢，折射越强烈。

细分：此值越高则速度越慢，模糊颗粒越细腻。

最大深度：次数越多则速度越慢，折射越丰富。

半透明：常用于模拟"蜡""水""玉石"等材质。开启后会增加渲染时间。

（2）VRay贴图中反射参数对渲染速度的影响

反射：通道强度值，此值越高则反射越强烈。

光泽度：此值越低则速度越慢，反射效果越模糊。

细分：此值越高则速度越慢，模糊颗粒越细腻。

最大深度：次数越多则速度越慢，反射越丰富。

（3）VRay贴图中折射参数对渲染速度的影响

反射：通道强度值，此值越高则折射越强烈。

光泽度：此值越低则速度越慢，折射效果越模糊。

细分：此值越高则速度越慢，模糊颗粒越细腻。

最大深度：次数越多则速度越慢，折射越丰富。

3. 灯光因素

灯光照明倍增越大则速度越慢。VRay渲染引擎的二次反弹强度以及天光照明强度等都影响渲染速度。细分也影响速度，值越高，速度越慢，不过阴影效果也更加细腻。

注　意

在灯光方面影响渲染速度的因素除上述提到的之外，还有灯光的数量。在相同的渲染设置下，随着灯光数量的增加，渲染速度也会变慢，这就是灯光较多的夜景效果图往往要比灯光较少的白天效果图渲染时间更长的原因。

4. 渲染设置因素

（1）抗锯齿对渲染速度的影响

VRay渲染器提供了三种图像采样器或反锯齿方式。抗锯齿采样是采样和过滤的一种算法。严格地说，无论采用哪种采样方式都会增加渲染时间，因此所要考虑的是针对不同情况、不同场景使用不同的图像采样器来有效地节省渲染时间。

固定图像采样器：这个采样器对于每个像素使用一个固定数量的样本。对于具有大量模糊特效或高细节的纹理贴图场景，使用固定图像采样器是兼顾图像品质与渲染时间的最好选择。

自适应准蒙特卡洛图像采样器：这个采样器根据每个像素和它相邻像素的亮度差异产生不同数量样本。需要说明的是，此采样器没有自身的极限控制值，它受VRay：rQMC采样器中噪波阈值的制约。当一个场景具有高细节的纹理贴图或大量几何学细节而只有少量模糊特效的时候，特别是这个场景需要渲染动画时，使用这个采样器是不错的选择。

自适应细分图像采样器：适用于没有 VRay 模糊特效（直接 GI、景深、运动模糊等）的场景。在效果图的制作中，这个采样器几乎可以适用于所有场景，是平衡时间与渲染品质的较好选择。

VRay 还提供了 14 种抗锯齿过滤器，选择不同的抗锯齿过滤器对渲染速度也会有一定的影响，在渲染初图时使用默认的（区域）方式即可，然后将图像的锐化等工作留到后期在 Photoshop 中完成，这也不失为一种提高工作效率的方法。

（2）全局光引擎对渲染速度的影响

VRay 渲染器共有 4 种不同的 GI：发光贴图、光子贴图、准蒙特卡洛算法和灯光缓冲。这 4 种不同的全局光引擎可以在首次反弹和二次反弹中相互配合使用。在室内商业效果图的制作中，使用发光贴图配合灯光缓冲方式进行计算，是取得渲染时间与图像品质平衡的最好选择。

在首次反弹中，倍增器的值决定场景照明中首次漫反射反弹的效果。增加这个值可以使渲染的图像更明亮，同时也会增加渲染时间。需要注意的是，默认值为 1.0 可以有很好的效果，其他数值可能会造成计算结果不够准确。

在 VRay"发光贴图"卷展栏中当前预置提供了 8 种预设模式供用户选择，如无特殊要求，这些预置模式足够使用了。当然，也可以调整基本参数中的各项参数来达到更理想的效果。

模型细分：这个参数决定单独的 GI 样本品质。较大的取值可以得到平滑的图像效果，但是渲染时间也会增加，较小的取值虽然速度快，不过也可能产生黑斑。这个值受

VRay：rQMC 采样器的制约。

插补采样：定义用于插值计算的 GI 样本数量。较大的取值会得到平滑的图像效果，模糊 GI 的细分也会增加渲染时间。较小的取值会产生更加光滑的细节，但同时也可能产生黑斑。

在 VRay"灯光缓冲"卷展栏中，细分决定有多少条来自摄影机的路径被追踪。较高的取值会增加渲染时间，不过计算结果也更加准确。

（3）QMC 采样器对渲染速度的影响

QMC 就是"准蒙特卡洛"采样器。可以说它就像 VRay 渲染器的大脑，贯穿于 VRay 的每一种"模糊"评估中抗锯齿、景深、间接照明、面积灯光、模糊、反 / 折射、半透明以及运动模糊等。QMC 采样器一般用于确定样本，以及最终哪些样本被光线追踪。

任务实施

扫码看视频

场景效果图
渲染设置

要求：根据企业设计项目的任务要求，使用 3ds Max 及 VRay 效果图渲染参数，完成某别墅场景效果图渲染设置项目最终效果图的渲染。

一、别墅场景小图参数设置

1. 打开"渲染设置"窗口，进入"V-Ray"标签栏，在"帧缓存区"栏，勾选"启用内置帧缓存区"复选框；在"全局开关"栏，勾选"隐藏灯光"复选框，如图 5.4.2 所示。

图 5.4.2 "帧缓存区"和"全局开关"设置

2. 在"图像采样器（抗锯齿）"中，渲染类型选择"渲染块"；"渲染块图像采样器"的最小细分为 1，最大细分为 24；"图像过滤器"采用默认设置；"颜色映射"类型选择"指数"，如图 5.4.3 所示。

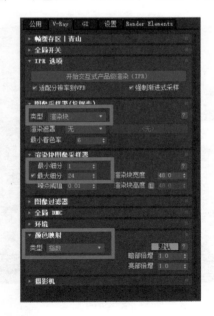

图 5.4.3 "图像采样器（抗锯齿）"、"渲染块图像采样器"和"颜色映射"设置

3. 在"GI"标签栏，在"全局光照"栏，勾选"启用 GI"复选框，"主要引擎"选择"发光贴图"；在"发光贴图"栏，"当前预设"先选"非常低"，再选"自定"，这样下方的"最小比率"和"最大速率"都是负值，便于调节。然后把最小比率和最大速率都改为 −4，如图 5.4.4 所示。

图 5.4.4 "GI"标签栏设置

4. 在"灯光缓存"栏，把"细分"调整为 200，如图 5.4.5 所示。

图 5.4.5 "灯光缓存"设置

在"设置"标签栏，勾选"系统"栏下的"动态分割渲染块"复选框，将"序列"改成"上 -> 下"，可以渲染一个小样，看一下时间。在进行光传递的时候，会发现计算光子1of1的这个现象，这就是因为我们调了发光贴图里面的自定最大速率和最小比率。如果在"当前预设"中选择高或者中，那么刚才的那个数据就是4of3或者1of5，如图5.4.6所示。

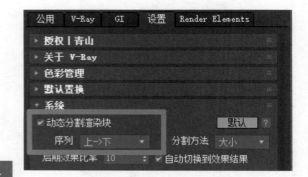

图 5.4.6 "动态分割渲染块"设置

二、别墅室外场景效果图参数设置

单击工具栏上的"渲染设置"，打开"渲染设置"对话框。在"公用"标签栏下的"输出大小"栏，模式选择"自定义"，"图像纵横比"设置为1.724，单击右侧的锁定按钮，锁定该比例。在"宽度"一栏输入3000，下方的高度就自动变为1739，效果图最终渲染的尺寸参数就设置完成了。

单击"V-Ray"标签栏，在"帧缓存区"栏，勾选"启用内置帧缓存区"和"内存帧缓存区"；在"图像采样器（抗锯齿）"栏，"类型"选择"渲染块"，"最小着色率"设置为

6；在"渲染块图像采样器"栏，"最大细分"设置为24，"渲染块宽度"设置为48，"噪点阈值"设置为0.01，减少效果图的噪点；在"图像过滤器"栏，勾选"图像过滤器"复选框，右侧"过滤器"选择"Catmull-Rom"，提高效果图的清晰度；在"颜色映射"栏，"类型"为"莱茵哈德"，单击右侧的"默认"按钮，切换为"高级"，左下方出现"伽马"，设置为2.2，勾选"子像素贴图"和"影响背景"复选框，"模式"选择"颜色贴图和伽马"。

单击"GI"标签栏，在"全局光照"栏，勾选"启用GI"，"主要引擎"选择"发光贴图"，"辅助引擎"选择"灯光缓存"；在"发光贴图"栏，"当前预设"选择"中"；在"灯光缓存"栏，"细分"设置为3000（根据效果图渲染的尺寸大小进行设置，一般常用细分数值为1500~3000）。

单击"设置"标签栏，在"系统"栏，单击右侧"默认"按钮，切换为"高级"，"动态内存（MB）"设置为400；"日志窗口"选择"从不"。

单击"Render Elements"标签栏，在"渲染元素"栏下，单击"添加"按钮，添加"VRay降噪器"和"VRay渲染ID"。

别墅场景效果图如图5.4.7所示。

图 5.4.7 别墅场景效果图

3ds Max 数字创意表现 实训任务单

项目名称	项目 5 别墅建筑模型制作	任务名称	任务 4 别墅场景效果图渲染设置
任务学时	2 学时		
班　级		组　别	
组　长		组　员	
任务目标	1. 能够在别墅场景内完成场景效果图的渲染； 2. 小组成员具有团队意识，能够合作完成任务； 3. 能够对自己所做场景效果图渲染效果进行陈述		
实训准备	预备知识：1. 界面基本设置方法；2. 三维模型创建基本工具的使用方法；3. 工具栏中常规工具的使用方法。 工具设备：图形工作站电脑、A4 纸、中性笔。 课程资源："3ds Max 数字创意表现"在线课——智慧树网站链接： https://coursehome.zhihuishu.com/courseHome/1000062541#teachTeam		
实训要求	1. 熟悉 3ds Max 效果图渲染的流程和具体参数； 2. 查看效果图渲染场景，小组集体讨论场景效果图渲染工作计划并归档提交； 3. 旷课两次及以上者、盗用他人作品成果者单项任务实训成绩为零分，旷课一次者单项任务实训成绩为不合格		
实训形式	1. 以小组为单位进行效果图渲染的任务规划，每个小组成员均需要完成别墅场景全部摄影机视角的效果图渲染实训任务； 2. 分组进行，每组 3~6 名成员		
成绩评定方法	1. 总分 100 分，其中工作态度 20 分，过程评价 30 分，完成效果 50 分； 2. 上述每项评分分别由小组自评、班级互评、教师评价和企业评价给出相应分数，汇总到一起计算平均分，形成本次任务的最终得分		

3ds Max 数字创意表现 实训评价单

项目名称	项目 5 别墅建筑模型制作		任务名称	任务 4 别墅场景效果图渲染设置			
班　级			组　别				
组　长			组　员				
评价内容	评价标准			小组自评	班级互评	教师评价	企业评价
工作态度 (20分)	1. 出勤：上课出勤良好，没有无故缺勤现象。(5分)						
	2. 课前准备：教材、笔记、工具齐全。(5分)						
	3. 能够积极参与活动，认真完成每项任务。(10分)						
过程评价 (30分)	1. 能够制订完整、合理的工作计划。(6分)						
	2. 具有团队意识，能够积极参与小组讨论，能够服从安排，完成分配的任务。(6分)						
	3. 能够按照规定的步骤完成实训任务。(6分)						
	4. 具有安全意识，课程结束后，能主动关闭并检查电脑及其他设备电源。(6分)						
	5. 具有良好的语言表达能力，能够有效进行团队沟通。(6分)						
完成效果 (50分)	1. 模型检查部分 (20分)	(1) 系统单位设置准确。(4分)					
		(2) 模型无破面。(6分)					
		(3) 模型无错面。(4分)					
		(4) 模型分段均匀。(6分)					
	2. 效果图渲染部分 (30分)	(1) 效果图渲染参数无问题。(8分)					
		(2) 效果图渲染无问题。(18分)					
		(3) 效果图后期处理无问题。(4分)					
总得分 (100分)							

项目总结

本项目主要介绍了建筑空间中别墅建筑模型制作的流程和方法,具体包括别墅建筑整体模型的创建、模型材质制作、场景灯光设置、效果图渲染参数设置等内容。通过本项目任务的操作,完成了模拟企业建筑空间设计项目的别墅建筑效果图制作全过程,学生能够学习和掌握别墅建筑建模、材质制作、灯光设置、场景渲染和后期处理的整个流程和方法,为后续室内外空间设计的项目实训课程的学习打下良好的基础。

项目实训

根据某建筑装饰公司提供的别墅建筑平面布置图和立面图(图 5.4.8~ 图 5.4.12),运用 3ds Max 和 VRay 软件完成别墅场景效果图的制作。

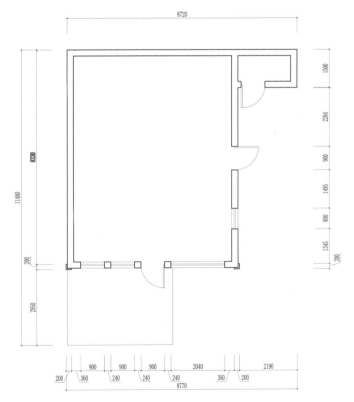

图 5.4.8 实训项目图 1 别墅一层平面图

图 5.4.9 实训项目图 2 别墅 A 立面图

图 5.4.10 实训项目图 3 别墅 B 立面图

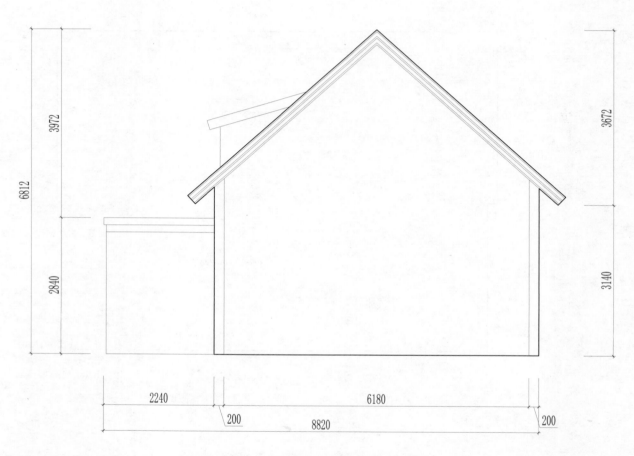

图 5.4.11 实训项目图 4 别墅 C 立面图

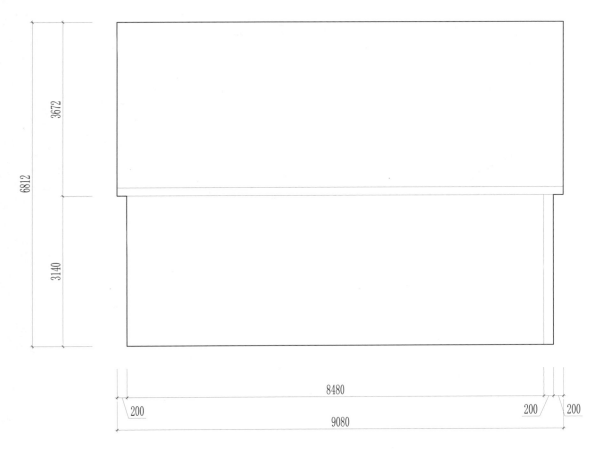

图 5.4.12 实训项目图 5 别墅 D 立面图

参考文献

[1]　GB/T 50001—2017.房屋建筑制图统一标准[S].北京：中国建筑工业出版社，2017.

[2]　GB 50368—2005.住宅建筑规范[S].北京：中国建筑工业出版社，2005.

[3]　GB 50003—2011.砌体结构设计规范[S].北京：中国建筑工业出版社，2011.

[4]　JGJ 3—2010.高层建筑混凝土结构技术规程[S].北京：中国建筑工业出版社，2010.

[5]　时代印象.3ds Max 2014/VRay 效果图制作完全自学教程[M].北京：人民邮电出版社，2018.

[6]　左树滨. 3ds Max/Photoshop 建筑效果图制作高手之路[M].北京：中国科学技术出版社，2004.

[7]　耿强.三维建模项目教程[M].北京：高等教育出版社，2012.

[8]　张绮曼，郑曙旸.室内设计资料集[M].北京：中国建筑工业出版社，1991.

[9]　乐嘉龙.别墅设计资料集[M].北京：中国电力出版社，2006.